**David Heaf**

# Den Bivänlige Biodlaren

## Ett Hållbart Förhållningssätt

Översättning: Stefan Breitholtz

Redigering: Tomas Tomac Eriksson

Bild framsida: Ett samhälle har just börjat bygga i den andra lådan uppifrån.

*Förlag: BoD – Books on Demand, Stockholm, Sverige*

*Tryck: BoD – Books on Demand, Norderstedt, Tyskland*

*ISBN: 978-91-77* ***854951***

MIX
Papper från ansvarsfulla källor
Paper from responsible sources
FSC® C105338

# INNEHÅLL

## FÖRETAL

Den här boken har sin upprinnelse i ett antal artiklar i The Beekeepers Quarterley 2007/8. Jag blev efter dessa ombedda att ge ut materialet i bokform. Jag har gått igenom och utökat materialet i artiklarna en hel del och där det varit nödvändigt även lagt till de senaste vetenskapliga rönen beträffande vissa av åsikterna som presenteras där.

Precis som i artiklarna är boken i första hand tillägnad biodlare och även blivande biodlare. Jag har förutsatt grundläggande kunskaper i binas livscykel liksom bekantskap med elementär biodling. Detta gör att jag slipper fylla boken med information som redan finns tillgänglig och ofta utförligt beskrivits i annan biodlingslitteratur och publikationer om binas biologi, inklusive internet.

Allra minst är avsikten med den här boken att vara en handbok i biodling, även om några kapitel ägnats åt grunderna i Warre' biodling, även åt hur man tillverkar en enkel *Folkets Kupa* som det beskrivits i Emile Warre's bok *Biodling för Alla.* (finns översatt till svenska) Detta som ett exempel på en möjlig start mot en hållbar biodling och som författaren grundligt utforskat.

Om läsaren efterfrågar råd om bakgrundsläsning om binas biologi och beteende, föreslår jag Jürgen Tautzs *The Buzz About Bees.* (2008) Den är förträffligt illustrerad och innehåller nya rön om honungsbinas naturliga utveckling och historia som kan förvåna även väl insatta biodlare. Vissa av dessa rön är till särskilt stor hjälp om man vill designa en bicentrerad biodling.

Som en bra, nyutkommen grundläggande bok om biodling vilken också innehåller en fenomenologisk presentation av ett bisamhälles utveckling, rekommenderar jag Michael Weilers *Bees and Honey from Flower to Jar* (2006) Hans bok beskriver också kortfattat Demeterbiodling enligt biodynamiska principer, vilka har en mer än 80-årig historia och visar ett sätt att sköta bin som bättre respekterar binas natur.

Jag hänvisar uteslutande till material som är tillgängliga på Internet. Några aspekter på hållbara biodlings metoder som presenteras här är mer detaljerat illustrerade på webbsidor och kan därför kompletteras relativt enkelt. Internet erbjuder också en rad forum e-grupper som kan vara till mycket stor hjälp för nybörjare som letar efter support när de börjar med biodling. Dessa hjälper dem även att hålla sig ajour med nya rön liksom att utväxla erfarenheter om biodling på ett bivänligt sätt. Ett urval Internet adresser finns i Appendix 4

# PROLOG TVÅ SAMHÄLLEN BLIR FYRA

## Ett erbjudande om frihet?

Det är en solig dag på vårkanten. En svärm honungsbin har just lämnat sin kupa i en skogsglänta och satt sig på en tunn gren täckt med blad, tjugo meter över marken, bara några steg söder om sin kupa. Den svajar lite i den lätta brisen och ser ut som den när som helst skulle kunna falla till marken. Biodlaren kommer och får syn på den.

Fig. i: Svärm

Endast ett fåtal bin flyger runt svärmen. Några bin dansar på utsidan av klustret. Andra rör sig hastigt in mot dess centrum. En del har pollen på bakbenen. Några större bin - drönare- är också med. Det går ett par minuter. Plötsligt formligen exploderar svärmen ut i flykt. Luftrummet fylls av surrandet från tusentals bin. På bara några minuter har de försvunnit över trädtopparna i en sammanhållen svärm, tydligen med ett specifikt mål i sikte. Biodlaren suckar. Ännu en förlorad svärm. En dag tidigare och han kunde ha förhindrat även denna. Aktiviteten på flustret är snart lika hög som innan svärmen gav sig av. Bina fullföljer arbetet med att dra upp en ny drottning. Biodlaren fortsätter arbetet med svärmförebyggande åtgärder bland sina kupor. Senare skall vi återkomma till vad han gör.

Låt oss gå tillbaka lite i tid. Under ett par veckors tid har scoutbin gjort rekognosceringar i omgivningarna för att hitta möjliga bostäder. Många scoutbin fokuserar på en ihålighet flera meter upp i trädet bara några hundra meter hemifrån. Några flyger runt trädstammen och undersöker den från alla håll. Andra kryper in och runt på väggarna i mörkret. Den nästan helt runda insidan är knappt 30 centimeter bred och sträcker sig kanske dubbelt i längd uppåt från kvisthålet genom barken i ihålighetens botten. Denna är täckt med skräp, halvt förmultnad, bestående av gammalt vax som vaxmal sedan länge övergett. I den kupolformade översta delen av ihåligheten finns fortfarande fragment av gamla vaxkakor fastsatta i det ruttnande träet.

För varje dag tycks antalet bin som surrar runt ingångshålet öka, tills den dag när svärmen först sätter sig nära moderkupan. Då sitter ibland klungor av bin utanför ihåligheten och trafiken fram och tillbaka är ivrigare än någonsin. Sedan märks en tydlig avmattning i trafiken. Men när svärmen börjar röra på sig igen har tillräckligt många scoutbin bestämt sig för just denna ihålighet, en av flera möjliga. Tillräckligt många scoutbin för att genom dansen på svärmen visa att just denna ihålighet skall bli samhällets nya bostad. Efter det att svärmen lyft leder scoutbina den genom att flyga rakt genom molnet av bin samtidigt som de lägger ett luktspår i luften. Inom några minuter är stammen runt hålet alldeles svart av bin och hålet försvinner. En stadig ström av bin, ibland i lager på lager försvinner in i trädet. Andra bin står på stammen med resta bakkroppar och visar en ljusare färgad fläck samtidigt som de fläktar med vingarna. En observant åskådare lägger märke till en tydlig citronliknande lukt i luften runt hålet. Svärmens eftersläntrare styr rakt in mot det. En kvart har gått. Alla, förutom en handfull bin som fläktar, har krupit in. En stund verkar allt ganska lugnt runt hålet. Inuti har strömmen av bin rört sig sakta mot ihålighetens översta del. Det är som om de blivit vaksamma på vad de kommer att hitta. Men de står också i intim kontakt med sin värdefullaste medlem, drottningen, utan vilken de är dödsdömda. När de kommer högst upp börjar de dra ihop sig till ett kluster och formar en upp och nervänd klockform som hänger ner i ihåligheten. Varje bi hänger sig fast i nästa genom att länka ihop benen.

I mitten av klustret alstras värme och temperaturen närmar sig den mänskliga kroppens. De flesta arbetsbin har anlänt och är fyllda med honung. Det finns bara ingenstans att förvara den. En del bin börjar avsöndra vax på undersidan av sina kroppar och detta används för att bygga vaxkakor efter mycket tuggande och knådande. Andra krafsar och gnager i ihålighetens översta del för att få bort ruttet trä och gammalt vax. Ett regn av skräp och vaxsmulor förs igenom klustret ner i ihålighetens botten. När eftermiddagen kommer är ett antal bin redan ute och drar in nektar och växthartser. Hartserna görs om till propolis inte bara för att förstärka vaxet utan också för att fortsätta de tidigare hyresgästernas arbete med att klä in väggarna och täcka för sprickor med en söt luktande antiseptisk tunn hinna. Inom några timmar har den första vaxkakan byggts, oval och smal till att börja med sedan hjärtformad. Lite av honungen avsätts i cellerna i toppen. Cellerna lutar svagt mot sin nedre ände i vaxkakans centrum och hålls på så sätt på plats. Senare på kvällen börjar vaxbyggarna på sin andra vaxkaka, parallell med den första och med sitt centrum lite över en tumsbredd ifrån den. Vaxbyggarna hänger nu i långa kedjor under vaxkakorna, som fortfarande döljs inne i klustret. Fokus i deras arbete ligger i botten av vaxkakan när den växer nedåt. En natt av intensivt arbete väntar.

Fig.ii: Samhälle i träd. Foto: Clive Hudson

Snart syns en kraftigt ökad aktivitet runt ingångshålet. Bin flyger in och ut varje sekund. En del hämtar redan in pollen i en mängd olika färger, gula, naturvita, orangefärgade och bruna. Drottningen har lagt ägg i ett område på båda sidor av den första vaxkakan och snart finns larver att mata. Det finns ingen tid att förlora, samhället måste etablera sig med tillräckligt många vaxkakor och matförråd för kommande vinter. Den här andra dagen har två nya vaxkakor påbörjats parallella med de tidigare.

I slutet av veckan är toppens bredd fylld med vaxkakor, förvånansvärt välordnade och parallella längst upp där de är fästade, men lite böljande längst ner i kanerna. Varje vaxkakas kanter är fästade i väggarna längst upp och hjärtformen försvinner allt mer som en följd av det. Överallt hänger vaxkakorna ner i en form som nästan helt följer det ursprungliga klustrets form, men kanterna är nu synliga. De flesta bin som inte är ute och drar sitter i mellanrummen mellan vaxkakorna. Vakter finns redan utposterade vid ingångshålet. Andra bin står alldeles innanför och fläktar med vingarna. Åter andra är sysselsatta med att förminska hålet med vax och propolis för att lättare kunna försvara sig mot inkräktare.

Livet i det nya samhället fortsätter ungefär så här hela sommaren. Växlingarna i tillgängliga dragväxter märks på färgen på det pollen som kommer in. Det komplexa samspelet i arbetsstyrkan mellan putsbi, ambi, byggbi, städbi, pollen och nektarberedare, vaktbi och dragbi fortsätter mellan vaxkakorna. Det finns några hundra drönare som hjälper till att värma ynglet.

Snart har alla vaxkakorna ett område med yngel. I de första områdena har ynglet kläckts för länge sedan och tar del i arbetet. Man kan föreställa sig en ovalt, sfäriskt formad zon genom hela vaxbygget som upptas av yngel. Vaxet har redan antagit en mörkare färgton. Över det och lite på sidorna som en dom finns pollen. Utanför denna och ut mot sidorna upp mot de översta fästpunkterna finns celler med honung, mycket redan täckt med vaxlock. När celler blir lediga i den övre delen av yngelklotet börjar städbin sitt arbete med att dra ut och tugga sönder avfall och pollera cellväggarna med propolis. När de är rena fylls de med honung i vardande. Drottningen skulle snart få ont om plats för sitt äggläggande om det inte hade varit för att vaxkakorna hela tiden byggts på nertill medan vädret fortfarande är varmt och det finns tillräckligt med drag. Även om många celler nertill ser ut att var oanvända, fylls de ibland med nektar, bara för att tömmas senare samma dag och flyttas dit honungen håller på att tillverkas. Varma dagar i slutet av nektardragen har trafiken i ingångshålet ökat till två kanske fler bin i sekunden. Många bin lämna men kommer inte tillbaka eftersom de dör utanför ihåligheten efter ett kort liv på ungefär sex veckor.

En liten men väldigt viktig förändring äger rum under sista delen av sommaren. Bina bygger några nya drottningceller. När sedan den första av dessa nya drottningar kryper ut, går hon runt och ropar till sina ännu inkapslade systrar. ”Tutandet och utandet” i denna konversation hörs tydligt genom ingångshålet i kvällslugnet. Snart gnager hennes hovbin hål i de inkapslade drottningarnas vaxceller från sidan och drottningen själv sticker ihjäl sina systrar. Efter några dagar lämnar hon kortvarigt trädet för en parningsflykt. En mängd drönare från grannskapet ser till att hon blir flerfaldigt parad och hon återvänder tryggt till sitt samhälle. Efter ytterligare några dagar arbetar den nya drottningen bredvid sin mor, men lägger relativt få ägg till att börja med.

Det är höst nu. Dagarna blir kallare och kortare. Nektar tillgången har nästan upphört. Vaxbyggandet har slutat. Ett tungt förråd med honung och pollen hänger över yngelklotet. Bina har ordnat det bra för sig inför de långa månader när vädret inte tillåter flygning eller nektar tillgång. Antalet yngel har kraftigt minskat och äggläggningen kommer snart att avslutas. Antalet bin håller fortfarande på att minska från de flera tiotusentals bin som samhället byggt upp sista delen av sommaren till bara tio eller femtontusen vinterbin av vilka de flesta kommer att överleva till våren.

Klotet drar ihop sig för att kunna sitta i mitten av vaxkakorna alldeles under vinterförråden. De omgivande vaxkakorna och de tjocka väggarna i trädstammen ger ett bra skydd mot extrem kyla. Till och med under de kallaste vinterdagarna skulle klotet kännas varmt om man satte händerna runt det. Aktiviteten är hur som helst kraftigt reducerad. Bina på utsidan byter sakta plats med dem som sitter i mitten och överst medan klustret äter sig genom vinterförråden och honungsdomen.

## Kontrollerad svärmning

Vi återvänder nu till biodlarens bigård den tidiga sommardag när han såg svärmen ge sig iväg. Han kom dit för att dela några samhällen i två för att kunna öka antalet bikupor och förhindra naturlig svärmning. Han tar av taket på en kupa som innehåller två yngellådor fulla med vaxkakor och bin. Under taket finns en tom foderballong som han använt för att fodra bina med sockerlösning under några veckor och för att på så sätt framkalla att bina förbereder sig för svärmning. Han tar bort ballongen och sätter sedan den översta lådan på en ställning med en ren botten bredvid den låda som var underst. Han börjar lyfta ur och inspektera ramarna i den låda han flyttade, noggrant på båda sidor. På den tredje ramen ser ha två drottningceller. Efter att noggrant ha synat den på båda sidor skakar han av en del bin och vänder den upp och ner för att kunna se in i de båda cellerna. De hade ägg i sig. Han ställer ramen åt sidan och fortsätter sin inspektion av resten och hittar fler drottningceller på andra ramar. Han förstör dem. På den sjätte ser han drottningen. Han sätter tillbaka ramen med drottningen fortfarande på och tar en ram från den andra lådan för att fylla tomrummet. Han övertygar sig också om att det inte finns några drottningceller på den. Sedan flyttar han den drottninglösa lådan med botten och allt mindre än en meter från dess ursprungliga plats. I det tomma gapet sätter han ramen med de drottningceller som hade ägg. Innan han stänger kupan ger han den en foderballong med sockerlösning. Det här samhället kommer att förlora sina dragbin eftersom de återvänder till sin gamla plats, så den behöver fodras. Han sätter tillbaka drottningens kupa på sin gamla plats med ett drottninggaller följt av några skattlådor eller låga lådor med vaxkakor från tidigare år. Båda kuporna med flustren åt samma håll. Han försluter dem och lämnar bigården. De flesta dragbina flyger in i moderkupan med drottningen i. De är inte bara vana att flyga in där utan lockas även av drottningens lukt.

En kupa har blivit två, men han har inte riktigt slutat ännu eftersom en kupa fortfarande är utan drottning. Han återkommer sex dagar senare och kontrollerar vaxkakan med drottningcellerna. Cellerna håller på att förslutas. Han flyttar kupan till moderkupans andra sida. Dragbin som återvänder från fälten märker genast att deras hem är borta och efter att ha svävat fram och tillbaks, flugit i cirklar en stund landar de på den gamla drottningens fluster. Biodlaren vill inte att den nya drottningen skall lämna kupan med en svärm så han försäkrar sig om att de flesta dragbina finns hos den gamla drottningen Han fyller på ballongen med sockerlösning.

Fig.iii: En National kupa överförs till en –Warré kupa

När nästan tre veckor har gått återvänder biodlaren och undersöker ramarna i den kupan som inte hade någon drottning. Drottningcellerna är tomma och nerrivna. På den femte ramen hittar han ett stort område med ägg och behöver inte fortsätta undersökningen. En drottning har krupit ut, blivit parad och är äggläggande. Istället för foderballongen sätter han ett drottninggaller på yngelrummet följt av ett par skattlådor med vaxkakor. Han har slutfört en av ett dussintal metoder för artificiell svärmning för att förhindra naturlig svärmning. Han framkallade svärmningsprocessen genom konstgjord fodring med socker, men lät bina börja dra upp drottningceller i naturliga drottningceller. Den här gången var allt under kontroll, men han måste se upp för en möjlig svärmning i moderkupan i mitten av sommaren.

## Att balansera olika intressen

Föregående beskrivning av att dela ett samhälle är på inget sätt det mest extrema exemplet på något för bina onaturligt och artificiellt när det gäller att dra fram nya drottningar och på samma gång göra en utökning av antalet samhällen. Men det står hur som helst i stark kontrast till föregående beskrivning av en naturlig svärmning. Båda processerna bygger på binas biologi och beteende, men den första är helt under binas kontroll. Helt klart kan den första processen inte kallas biodling, även om det finns biodlare som har bin högt upp i ihåligheter i träd – Bashkirs i Bashkorostan[1] i sydvästra Ural till exempel – vilkas teknik att urholka träd har praktiserats i mer än 1500 år. Men så långt vi vet är detta relativt ovanligt och knappast passande eller önskvärt med hänsyn till biodlarens säkerhet. När det gäller hållbar och bivänlig biodling kan vi dock lära mycket från gamla traditionella metoder. Det kan vi även göra genom detaljerade studier av honungsbiets naturliga historia och utveckling och vad som finns i modern vetenskaplig litteratur. Jag kommer därför i det följande att lyfta fram ett så brett urval av material som möjligt.

Fig. iv: Bashkir biodlare i arbete Foto: save-bee.com

# INLEDNING

Under de senaste årtiondena har ett stort antal böcker dykt upp som förespråkat en biodling som är mer anpassad till binas villkor än den sorts biodling som vanligtvis praktiseras överallt, åtminstone i västvärlden. Jag tänker speciellt på böcker skrivna av Matthias Thun, (2) Günther Mancke/Peter Csarnietzki,[2] Günther Hauk,[3] Phil Chandler[4] och Erik Berrevoets.[5] Den här boken tar upp många av de synpunkter som dessa författare har gjort oss uppmärksamma på, men satt in dem i ett hållbart sätt att förhålla sig och framför allt i förhållande till Émile Warré och hans "Folkets Kupa" (Warré kupan). Med tanke på att biodlare är ett mycket praktiskt folk och kan vara trötta på att höra ordet *hållbart och* är mer intresserade av att höra hur hållbarhet skall komma tillstånd, har jag medvetet hållit det inledande kapitlet om hållbarhet kort.

Med tanke på de ofta förekommande ytterst polariserade diskussionerna mellan biodlare – vi är en väldigt sakkunnig samling! – har jag ägnat det andra kapitlet till en undersökning av de olika grundläggande attityder till naturen som kan finnas bland biodlare. När allt kommer omkring har lite mer självkännedom aldrig gjort någon skada. Det kanske kan hjälpa till att jämka ihop olika och helt berättigade förhållningssätt hos andra med andra övertygelser. I det här kapitlet kan man få reda på om ens attityd är dominant, förvaltande eller deltagande gentemot det levande och i synnerhet mot bina.

Binas behov kan sammanfattas som skydd, lugn och ro och stöd. För att överleva en längre tid i de flesta klimat, behöver honungsbina skydd mot vind, regn och även starkt solsken. Under tusentals år har biodlare försett bina med skydd på otroligt mångahanda sätt. Jag börjar om från grunden i ett kapitel som rör kupans termiska och hydrologiska design, speciellt med tanke på att binas och biodlarens behov ofta står i konflikt med varandra. Hur yngelklotet skall täckas över, kupans form, storlek och sammansättning samt utseendet på kupbottnen, är huvudteman.

Liksom även sättet på vilket vaxkakorna skall hanteras och placeras är en fundamental fråga att besvara vad gäller kupdesign. Detta behandlas först. Vi tittar på ett antal kuptyper, särskilt topplistkupor med naturliga vaxkakor. Abbe Warrés vertikala topplistkupa får en utförligare uppmärksamhet.[6] Även om jag ägnar boken relativt lite åt rambiodling som den vanligen praktiseras, kan många av de principer och metoder som diskuteras här, användas även av biodlare som inte vill överge ramar. Ett betydelsefullt steg mot hållbar biodling med ramkupor finns sammanfattat i Ross Conrads *Natural Beekeeping*.[7]

Många biodlare som har lärt sitt hantverk i en miljö som sätter biodlarens bekvämlighet allra först håller trots det på med experiment med relativt naturliga förhållanden i yngelrummet, särskilt med naturliga vaxkakor. Eftersom vaxkakor utgör mer än bara ett skelett i binas superorganism, förtjänar de ett eget kapitel.

Det finns också ett ökande intresse bland biodlare, särskilt i norra Europa, att arbeta med lokalt anpassade bin, framförallt det ursprungliga biet *Apis mellifera mellifera*.[8] Många har ansett att det lokala biet kanske är bättre i alla fall. Detta efter ett helt sekel, kanske längre, med importerade bin av andra raser i en trakt som inte är lik deras egena ursprungliga. En möjlig orsak till denna förkärlek är att det är mer intimt anpassat till lokala förutsättningar efter dess långa evolution just där. Med lokala förutsättningar och förhållanden menar folk vanligen det som har att göra med klimatet. Men lång anpassning till ursprungliga dragväxter och deras säsongsvariationer kan också spela en roll. Vi skall titta på hela frågan om drag, artificiell fodring och kuptäthet i landskapet.

Om biodling på ett relativt naturligt sätt är hälsosammare för bin, borde vi kunna särskilja några principer på varför det är så och förhoppningsvis kunna ge exempel på bevis. Alla former av djurhållning måste ta itu med sjukdomar och skadedjur och biodling utgör inget undantag. Om vi kan hantera detta på ett hälsosammare sätt förbättrar vi även den ekonomiska hållbarheten i djurhållningen.

Att döma av teckningar funna i Egypten, har honungsbin varit halvt domesticerade i åtminstone fem tusen år. Att göra utökningar och urval har utan tvekan praktiserats under den större delen av denna tid. Men under de två sista århundradena har förökningen blivit alltmer artificiell. Jag skall behandla vad hållbar biodling rimligen kan använda för metoder vad gäller förökning och som står i samklang med binas natur.

Utrymme ges för att behandla hållbarhet vad gäller biodlingens produkter: honung, vax och propolis. Jag tar inte upp drottninggelé på grund av den intensifiering och överexploatering av samhällena den medför. Att skörda honung genom avrinning och pressning diskuteras. Återvinning av och förädling av vax liksom insamling av propolis ökar den ekonomiska hållbarheten i biodlingen.

Ett kapitel ägnas tillverkning av Warré kupan och en kort beskrivning av dess skötsel.

Den här kupan finns i många varianter som fortfarande används. Jag skriver om dessa i ett särskilt kapitel och ger även praktiska tips från samtida Warré biodlare.

# 1. ATT SKÖTA BIN PÅ ETT HÅLLBART SÄTT.

## GRUNDLÄGGANDE FÖRUTSÄTTNINGAR

När jag blev tillfrågad om att skriva om detta, letade jag efter förståeliga, tydliga definitioner av begreppet ”hållbart” men hittade inte någonting som höll måttet. Det närmaste jag kom var en liten bok med titeln *Bees and Rural Livelihoods* utgiven av Bees for Development, en organisation i Storbritannien som arbetar med att hjälpa biodlare i utvecklingsländer.[9]

För att vara hållbar måste en mänsklig handling, aktivitet, möta de behov i tiden och som inte orsakar skada eller hindrar andra människor på planeten, eller framtida generationer, att tillfredsställa sina behov. Att tillgodose behov hållbart brukar ses med begrepp som ”den trebenta stolen”, vars ben representeras av sociala behov, ekonomiska behov och miljö behov. Om man tar bort ett av benen rasar alltihop samman. För att få en handling att fungera måste alla tre sorters behov tillfredsställas.

Hållbarhet ses ofta helt och hållet som en miljöfråga, en grön fråga. Men när det gäller biodling betyder hållbarhet att aktiviteten måste ses ur ekonomisk synvinkel eftersom biodlaren som har sitt levebröd av den helt eller delvis måste få rimlig avkastning. Även för hobbyodlaren måste kostnaderna stå i rimlig proportion till vad han vill få ut av sin hobby. Biodling med Warré kupan, som vi diskuterar i kapitel 9, gör det lättare för hobbybiodlare med små medel att börja med biodling.

Hur tillfredsställer biodling sociala behov? Om den handhas med måtta och med de rätta försiktighetsåtgärderna för att undvika dålig grannsämja eller allmänhetens missnöje, kan den vara en hälsosam friluftsaktivitet som återförenar människor med årets och naturens livscykel. Dess huvudsyfte är att framställa ett nyttigt livsmedel. Biodling ger samhället i stort en ekotjänst genom pollinering även där inga formella avtal gjorts. För att tillfredsställa sociala behov fullt ut, borde den bli rättvist behandlad, d.v.s. dess produkter borde betalas rättvist och framför allt borde biodlaren få en rimlig del av det pris konsumenten betalar.

Rättvisa kan beskrivas på det globala planet med hjälp av begreppet ekologiskt fotavtryck. Enkelt uttryckt är det den bit mark som varje person behöver för att upprätthålla livhanken. En rättvis del ligger på ungefär 1,8 hektar mark per capita. I genomsnitt i Britannien använder en person 5,3 hektar per capita. Siffran är ännu högre i vissa länder i västvärlden. Det betyder att om alla i hela världen levde som britter skulle tre jordklot behövas. De hela fungerar beroende på att en majoritet av befolkningen i utvecklingsländer lever på betydligt mindre. För att återställa rättvisan är den enda rättvisa lösningen, som ligger inom mänsklig förmåga, att de som ”lever på tre planeter” minskar sin konsumtion. Denna möjlighet har omfattande betydelse för biodlingen. Att minska konsumtionen är ett nyckelord vad gäller hållbarhet som vi ofta skall återkomma till i de följande diskussionerna.

Det ekologiska fotavtrycket kan ytterligare delas upp med hänsyn till material flöden. Till exempel, har koldioxiden som en del av vårt ekologiska fotavtryck fått särskild uppmärksamhet när det gäller klimatförändringarna. Hur mycket koldioxid en biodlingsåtgärd förbrukar är en faktor man måste ta med i beräkningen när man bedömer dess hållbarhet. Innan vi använder ett särskilt material kan vi fundera över hur mycket energi den förbrukar eller om den har ett förnyelsebart ursprung. Vissa företag, tex Royal Hawaiian Honey, går så långt att de kompenserar sitt koldioxidavtryck genom att investera i projekt inom förnyelsebar energi, energi effektivisering och återplantering av skog.[10] Medan andra betraktar koldioxid kompensering som en form av ”greenwash” eftersom de egentligen bara skjuter upp den slutliga lösningen, nämligen att minska vår konsumtion till en- planets- nivå.

Hållbarhet vad gäller miljön måste också ta hänsyn till andra insekter som konkurrerar med honungsbiet om nektarn. En trakt kan vara så överfull av bin att artrikedomen kan minska.

Eftersom vi intresserar oss för en mänsklig aktivitet som berör ett djur, nämligen biet, finns det en uppenbar fjärde faktor som vi måste ta hänsyn till för att vara hållbara, vilket inte tycks stämma med vår nyss nämnda liknelse med den trebenta stolen. Och det är hur vi behandlar själva biet. Behandlar vi det på ett sätt som överensstämmer med biets natur; är vår biodling anpassad till biet, är den bivänlig? Det kan vara värt att nämna att Europa Kommissionens regler för ekologisk produktion kräver att man tar hänsyn till av ”artspecifika behov” och ”djurens beteendebehov”.[11]

Förutom de fyra faktorerna: samhälle, ekonomi, miljö och anpassning till binas behov och natur, finns det en viktig allmän och övergripande princip att förhålla sig till i dessa diskussioner. Det som är hållbart i praktiken varierar från område till område på vår jord. Till exempel skulle vi inte rekommendera att tillverka en bikupa av trä i en region där trävirke är en bristvara eller där träätare som termiter finns.

I fortsättningen kommer det att bli allt tydligare att det är svårt att behandla bara en av dessa tidigare nämnda faktorer för sig. De påverkar varandra på så sätt att vi tvingas att väga den ena mot den andra. Till exempel skulle det vara konstigt för de flesta biodlare om de tvingades vara så bivänliga att de inte längre kunde stjäla överskottshonung från ett samhälle. Även om det i längden skulle vara mer hållbart att ta en mindre mängd av den honungen.

När jag säger detta är jag medveten om att en del biodlare, särskilt de mer kommersiellt inriktade yrkesbiodlare, kanske anser att en del av det jag kommer att föreslå i de följande kapitlen är helt befängt.

Hur som helst kommer naturen att fortsätta att vara deras lärare. Ja, vi kanske redan ser några av naturens lektioner i form av CCD (Colony Collapse Disorder) och spridningen av främmande skadedjur som kvalster och skalbaggar. I Britannien och i många andra länder är en överväldigande majoritet av kuporna skötta av amatörer och deltidsarbetande i liten skala. De är, förutsatt att de ser efter sina bin, de som skulle kunna ha störst inflytande på binas framtida välmående och på den skötsel den innefattar. Jag hoppas att den större grupp av biodlare som jag nu vänder mig till, de som inte *enbart* drivs av vinstbegär, kommer att hitta någonting i denna bok som kan hjälpa dem att få sin biodling hållbar.

Det kanske då kan vara till hjälp att titta på några av de grundläggande attityder som vi rimligen borde finna bland biodlare.

## 2. BIODLARES GRUNDLÄGGANDE ATTITYDER - ETIK I BIODLING

### Jorddbruks- och miljöetik tillämplig på biodling.

Jordbruks- och miljöetik (*Agricultural and environmental ethics*) är en relativt ny akademisk disciplin. En tidning med det namnet tex, startade inte förrän 1988 och the Food Ethics Council (Livsmedels etiska rådet) grundades inte förrän tio år senare.[12] Ämnesområdet är emellertid väl utvecklat och erbjuder några perspektiv som kan användas inom biodling.

Det jag menar med etik, är att en handling är moralisk endast om den helt och hållet gjorts av fri vilja, d.v.s. utan något tvång från faktorer sådana som instinkt, normer, kultur eller religion etc. Dessutom är det självklart att den person som utför handlingen förstår och är medveten om det berättigade med den moraliska princip som motiverar handlingen, vilket innebär att personen är medveten om orsaksförhållandet och inte tvingats att följa principen. Om det förhåller sig så, kan vi inte föreskriva på förhand vad biodlare bör göra. Var och en måste själv besluta vad man vill göra.

Om vi bortser från åsikter från den extremt motsatta sidan, den diktatoriska, att vi inte ska konsumera några animaliska produkter alls, kan vi urskilja fyra moraliska ståndpunkter eller grundläggande attityder till naturen i allmänhet och bina i synnerhet och stödja dem med etisk argumentation[13] Dominator, Förvaltare, Partner, Deltagare. (Dominator, Steward, Partner, Participant.) Från den mest människocentrerade till den mest bicentrerade attityden. Från den mest egennyttiga till den mest respektfulla attityden mot levande varelser. Lägg noga märke till att ingen av de karaktäriserade attityderna är viktigare eller etiskt mer försvarbar än någon annan. Det är frågan om ett helt fritt val i vilken av de fyra attityderna en enskild biodlare vill placera sig själv.

## Dominator

Dominatorn anser att naturen bara finns till för den mänskliga rasens skull. Därför är den huvudsakligen en källa till råmaterial i människans tjänst och som måste erövras, kontrolleras, underkuvas och tämjas. Dominatorn söker den maximala nytta och vinst som lagen tillåter, som är ekonomiskt och praktiskt möjlig. Naturen själv utvecklas genom naturligt urval och trial and error. Genom att använda avelsteknik påskyndas trial and error processerna effektivt, från en liten begränsad genetisk pool och på bekostnad av färre misslyckanden.

Dominatorn inom biodling kommer att modifiera sina bins genetiska sammansättning med vilken teknik som helst som är ekonomiskt lönsam. Det kan innebära artificiell inseminering och även DNA teknik i kombination. Om inte de önskade generna finns lokalt, kommer han att importera dem, om nödvändigt från andra sidan jordklotet. Han kommer att sköta sina bin på ett sätt som ger honom störst möjlighet att kontrollera dem, genom att använda ramar, färdig präglade vaxkakor, drottninggaller, syntetiska syror, antibiotika, svärmförebyggande åtgärder, vingklippning av drottningar etc. Om det är möjligt kommer han att försöka avla bort alla tendenser till svärmning och avla fram ersättningsdrottningar. Medveten om arbetskostnaden kommer han att öppna sina kupor endast så ofta att han har full kontroll. Han kommer att ta så mycket honung som möjligt och lämna socker i utbyte. Han kommer att flytta sina bin med långtradare tusentals mil bara det finns tillräckligt vinstgivande pollineringskontrakt. Med sin biodlingsstrategi med supers, CB/NM inkluderat om han finner det lönsamt, kommer han att försäkra sig om att han under huvuddragen alltid har tomt utrymme ovanför binas huvuden som genast måste fyllas.

Dominatorns nyttofokusering har uttryckt sig i vissa metoder som lyckligtvis har upphört eller kraftigt minskat genom nytillkomna kupkonstruktioner och deras skötsel. En av dem var kvävning av bin med brinnande svavel i gropar för att kunna komma åt honungen. En annan var vanan förr i vissa kalla nordliga trakter att döda bin på hösten för att spara in kostnaderna för vinterfodring och isolering mot kalla vintrar, för att senare på våren köpa in paketbin söderifrån för att fylla sina tomma kupor. Endast den ogynnsamma ekonomin med detta satte stopp för förfarandet.

## Förvaltaren

Förvaltaren ser också naturen enbart ur människans perspektiv, men, olikt dominatorn ser han tydliga gränser. Han anser sig ha fått förtroende att bruka naturen, inte att förbruka den. Förvaltaren kan åtminstone gå med på att det är en plikt att bry sig om andra levande varelser än människan utan hänsyn till vilken grad de liknar människan i förmåga att lida. Problemet uppstår när han skall ranka de inneboende värden han tillskriver olika varelser. Att utsätta ett djur för en viss typ av skötsel eller uppfödning får inte ske godtyckligt. Även om människans intressen kommer före djurs och växters, är de senares viktigare än enbart ekonomiska intressen. Manipulationer med djur måste ställas mot andra överväganden. Ett tydligt exempel på en sådan åtgärd är hur kor avlats till sådan extrem mjölkproduktion att de måste ha bh som stöd för sina juver. Ett exempel från uppfödning av tamfåglar är när man inte låter dem se sin avkomma, och vad gäller bin när man avlar på svärmtröghet.

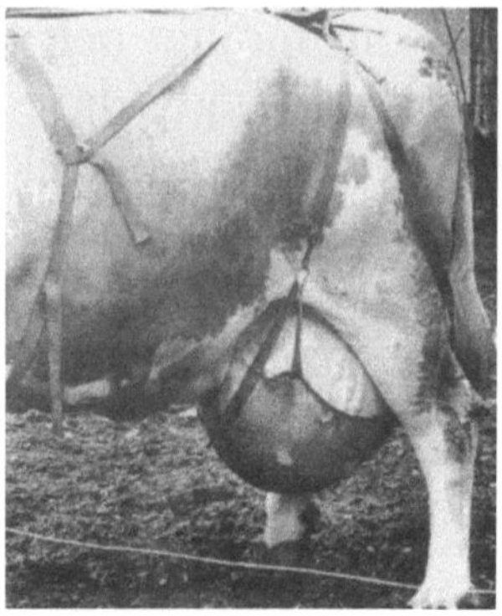

Fig 2:1 Har aveln gått för långt?

Samhället accepterar att djur används till en rad olika ändamål, men sätter gränser för användandet. Tyvärr hamnar bina utanför en sådan kontroll. Förvaltarens plikt att vårda innefattar artens fortlevnad, skydd mot ekosystemen, i en utsträckning där ibland människans intressen måste ge vika för att undvika att naturen sätts i fara. Förvaltaren vill inte skada naturens självständighet men tämjer den gärna inom vissa gränser

Biodlaren med en förvaltares attityd till naturen föredrar mer traditionella biodlingsmetoder, men, precis som Dominatorn, skulle han tillgripa modern teknik om det fanns rimlig anledning till det om tex risk fanns för att arten försvann helt från en trakt vid en epidemi. Han kommer att sköta sina bin på ett sätt som de flesta andra biodlare gör, kanske skulle han undvika sådana extrema metoder som vingklippning eller att låta bina övervintra på sin egen honung. Han kommer, hur som helst att kontrollera sin svärmning på konventionellt sätt, men avväga antalet kupinspektioner mot den möjliga skada han orsakar sina samhällen därmed. Han kommer också att inspektera vaxkakorna för sjukdomar och behandla därefter, kanske förorda organsiska syror och istället för antibiotika, att byta ut vaxkakor och sätta in en ny drottning. Han är villig att flytta sina kupor korta avstånd för att försäkra sig om att de har tillräckligt med pollen och nektar. Han skulle hålla sig på den säkra sidan när det gäller att avgöra hur många kupor ett särskilt område har plats för.

Yrkesodlare, ett klassiskt exempel är Robert Manley[14] , tenderar att placera sig på Dominator/Förvaltar sidan i en klassificering av grundläggande attityder. Ekonomisk hållbarhet har stort inflytande när de väljer metoder.

## Partnern

Partnern betraktar djur som potentiella bundsförvanter, i och med att de utgår ifrån att de har sin egen vilja när de samverkar med människan. Han uppfattar naturen som ett samspel av livsformer i vilka var och en uttrycker sina egna inneboende värden. Detta behöver inte stå i motsats till en vetenskaplig ansats men kräver respekt för naturen.

Mänskligheten skiljer sig från andra livsformer genom den visserligen biologiskt är en del av naturen men också är fri att ha ett medvetet förhållande till den, en etisk attityd till den. Partnerskapet är inte desto mindre asymmetriskt eftersom det består i samverkan mellan livsformer på helt olika nivåer av komplexitet. Ekologiskt jordbruk tillfredsställer Partnerns krav men det gör också ett hållbart jordbruk även om det nödvändigtvis inte är certifierat. I sådana jordbruk kan teknologisk exploatering förekomma så länge djuret inte pressas på ett onaturligt sätt. d.v.s. dess artspecifika beteende inte hindras. Exploateringen kan till och med vara till ömsesidig nytta. Biologisk mångfald och arters mångfald respekteras.

Jämfört med Dominatorn och Förvaltaren är Partner biodlaren villig att acceptera lägre avkastning för att i stället kunna handha sina bin på ett mer bivänligt sätt. När han förökar sina bin undviker han alla former av laboratoriebaserade genetiska förändringar. Men skulle acceptera konventionell drottningodling. Hans kupor kanske har ramar kanske inte.

Om han har det har han tillräckligt djupa för att ha yngelklotet i en enda låda. Om han använder färdiga vaxkakor eller bara vaxremsor, vill ha dem med vax som inte har behandlats med syntetiska kemikalier. Om han inte har drottninggaller kommer han att sköta sina kupor på ett sådant sätt att drottningen inte lägger ägg i skattlådorna. Genom att hålla inspektionerna på en låg nivå, hålla avståndet mellan kuporna i landskapet tillräckligt stort, tillåta friska drönar populationer och låta bina övervintra på sin egen honung håller han binas hälsa på en optimal nivå.

Om bina trots detta blir sjuka kommer han att byta drottning och ta bort vaxkakor hellre än att använda kemikalier, eller så kommer han att ta död på samhället. För att hålla nere Varroa kvalstret använder han myrsyra, vilket redan finns i en kupa eller någon annan naturlig syra som inte förgiftar vaxet. För att dra upp nya drottningar och föröka utnyttjar han i möjligaste mån svärmningsprocessen och gör avläggare när tiden är mogen.

Fig.2:2 Tree hives. Photo: John Moerschbacher

Partnern liksom även Deltagaren försöker sköta sin biodling på ett sätt som mer respekterar övrig levande natur. Att sätta kupor i vissa habitat kan utgöra en kraftfull frestelse för t.ex. björnar i nordliga trakter och grävlingar i sydligare. Biodlare i Canada har visserligen tillåtelse att skjuta björnar med tassen i syltburken. Men en biodlare i denna del av det etiska spektret försöker skydda sina kupor från dess djur och därmed undvika att död dem. En Warré biodlare i Canada experimenterar med talja och block för att få upp sina kupor bland grenar flera meter över marken, för att förhindra tjuveri från björnar. En annan lösning är att be myndigheterna att fång in dem och förflytta dem.

Ross Conrad är ett exempel på en ekologisk biodlare som tillämpar Partnerskap, [15]även om han själv ibland beskriver sig som Förvaltare.[16]

## Deltagaren

Deltagaren ser naturen som en helhet med av varandra beroende och sammanflätade livsformer. Mänskligheten är en integrerad del av naturen, därför förväntas respekt för andra varelser och organismer, inte bara på grund av deras inneboende värde utan också på grund av naturens komplexitet. De otaliga relationerna och balanserna mellan organismer och varelser har ett överskotts värde som överstiger deras nytta för mänskligheten. Detta har en innebörd som är mer omfattande för Deltagaren än för Partnern. Deltagaren är mer biocentriskt i sina principiella val när det gäller att sätta gränser för människans ingripande i naturen. Även om han också oundvikligen ingriper i naturen vid livsmedelsproduktion, gör han sitt bästa för att använda den inneboende dynamiken i naturliga processer. Han baserar sin vetenskap och teknologi på holistiska ansatser styrda av observerbara fenomen. Men deltagande är inte nödvändigtvis oförenlig med avancerad teknologi. Till exempel kan den användas för att undersöka de betingelser djuren ifråga strävar efter så att djurhållningen bäst stämmer med dess egentliga natur.

Jämfört med Partnern är den deltagande biodlarens intressen ännu mer inriktade på sina bin och deras betydelse för de naturliga omgivningarna. Han arbetar med lokalt anpassade bin, föder upp dem och gör urval mot maximal hälsa. Även om han gärna skulle vilja ha en blygsam honungsskörd, är han villig att avstå om det finns risk för att det skulle innebära att han skulle bli tvungen att fodra med socker. Han är villig att låta bli för att få en hållbar population bin i sitt område. Han är hänsynsfull till andra sorters pollinatörers behov av dragväxter och anpassar mängden kupor efter dessa. Han förser dem med bivänliga kupor med naturligt byggda vaxkakor stödda av topplister eller spjälor. Bin är sedan fria att besluta om cellstorlek och fördelningen av cellstorlek i kupan, liksom det antal drönare som behövs. Han undviker att sätta på supers överhuvudtaget, eftersom han vet att det sätter bina under onödig stress att hela tiden vara tvungna att fylla det tomma utrymmet ovanför dem. Hans drottningar är fria att gå i hela kupan om de vill. Han går efter principen att bina bygger uppifrån och neråt så han ger extra utrymme undertill med nya lådor efter behov. Detta hjälper till att minimera svärmning på grund av trångboddhet. Om bina ändå vill svärma, under förutsättning att hans bigård inte ligger alltför nära bebyggelse, tillåter han dem att göra det och använder svärmarna till att starta nya samhällen. Han ingriper i kuporna så lite han kan, kanske bara en gång om året och istället observerar han kuporna utifrån och får information från hur kupan låter, luktar och vad som händer på flustret. Han använder inga kemiska behandlingar överhuvudtaget. Han strävar efter samevolution och co adaptation mellan bin och kvalster. Han skördar sin honung tex. genom att ta en eller flera lådor överst på sina kupor förutsatt att de är utan yngel och han lämnar mycket honung till samhällets vinter behov. Han har ingen önskan att återuppta biodling med halmkupor med kvävning av bin vid skattning. Han är inte villig att flytta sina kupor om inte dragförhållandena hotats av något oförutsett. Han välkomnar etiskt försvarbara vetenskapliga studier av bin, även sofistikerade analytiska tekniker, särskilt om de kan tala om för honom hur han skall kunna hålla sina bin ännu mer bivänligt eller bevara arter och deras habitat.

Deltagarens attityder har liknats vid biodynamisk biodling[17] även om denna inte alltid överensstämmer med den föregående karaktäriseringen av Deltagaren. Av de arbeten som finns på engelska är Berrevoets *Binas Visdom* (finns på svenska) den mest genomarbetade sammanfattningen av biodynamisk biodling.

## Den etiska matrisen

Det borde ha framgått av det föregående att gränserna mellan de olika attityderna är luddiga. En enskild biodlares attityd till naturen och hans bin kan ju stäcka sig över två kategorier eller kan röra sig mellan kategorier beroende på vilken åtgärd som är aktuell och med omständigheterna. Ett annat sätt att beskriva etiska värderingar är den etiska matrisen.[18] Det finns fyra principer för medicinsk etik: *Göra gott, Inte skada, Autonomi och Rättvisa.* Dessa är anpassade till livsmedelsetik, där de två första principerna sammanfattats under rubriken *Hälsa.* Fyra aktörer har fastställts*: Djurhållning,* som i vårt fall blir *Bin, Biodlare, Konsumenter, och Miljö.* I en sådan matris gäller det att balansera de olika intressena med hänsyn till de tre principerna *Hälsa, Autonomi, Rättvisa* och de fyra aktörerna. Det kan sammanfattas i nedanstående matris:

**Etisk matris**

| **Respekt för** | **Hälsa** | **Autonomi** | **Rättvisa** |
|---|---|---|---|
| Bin | Bins välmående | Frihet i beteende | Verkliga natur |
| Biodlare | Rätt inkomst och arbetsmiljö | Frihet att välja | Rätt behandling i lagar och handel |
| Honungs-konsumenter | Tillgång till ren säker honung. Godkännande av produktions-metod | Respekt för konsumentens val: eko eller ej | Åtkomlig för låginkomsttagare |
| Miljö | Bevarande av biota | Bevarande av mångfald | Hållbar biotiska populationer |

När rutorna i matrisen fyllts i har jag utgått från att både konsumenter och producenter allmänt accepterat gjorda värderingar. De som är gjorda i matrisen kan givetvis förändras, tas bort eller kompletteras för att passa den som gör värderingarna. Den kan användas för att testa alla handlingar i produktionskedjan för att se hur de påverkar de fyra aktörerna med hänsyn till de tre principerna. Allting som biodlaren gör med sina samhällen t.ex., har betydelse för hans bin och honom själv. Att använda syntetiska pyretroider för att ta död på Varroa orsakar mätbara pyretroidförekomster i honungen.[19] Detta kan påverka konsumenter. Eller att överbefolka en region med honungsbin kan påverka biota negativt genom att konkurrera ut enskilda vilda bi arter så att de helt utrotas.

Oavsett hans attityd till naturen kan vilken biodlare som helst som vill göra en etisk utvärdering av sina egna metoder ha nytta av en etisk matris. Den presenteras här med samma fyra intressenter som i den ursprungliga källan. Det finns emellertid i biodlingen två andra, om än mindre intressegrupper att ta hänsyn till: grannar och andra biodlare i grannskapet. Vi måste även ta hänsyn till om någon av våra åtgärder påverkar deras hälsa, autonomi och rättvisa. Detta är en mycket viktig del av den sociala aspekten av hållbarhet.

Inget av det som nämnts tidigare har särskilt ägnats åt de lagar som gäller biodling. Alla lagar har sitt ursprung i det förgångna och har uppkommit genom mäns eller kvinnors moraliska intuition. De mest iögonfallande problemen vad gäller hälsa, autonomi och rättvisa brukar orsaka nya lagar. Jag har fått höra att de två extremerna, Dominatorn och Deltagaren, kan vara mer benägna att bryta mot en lag gällande biodling, bara av olika anledning. Vinstintresset kan leda till överträdelser av livsmedels standarder. Närvaron av antibiotika eller tillsatt sackaros i honungen skulle kunna vara ett exempel. Biodlare som strävar efter helt naturliga vaxkakor där förbud mot fixa vaxkakor råder kan frestas att inte registrera sig och till och med gömma sina kupor.

# 3. SKYDD

*......för den intelligente biodlaren är det självklart att skydd mot extrem värme och kyla är av allra största vikt; ändå är detta den aspekt som är allra mest försummad. Vi har klokt nog gjort oss av med våra förfäders halmkupor; men sådan kupor med alla sina fel var jämförelsevis varma under vintern och svala under sommaren. Vi bedriver biodling där vinterns kyla och sommarens hetta är lika intensiva; där plötsliga förändringar kan vara ödesdigra för ynglet; ändå slutar vi aldrig med att förvänta oss framgång under omständigheter som är nära nog omöjliga.....*

Så skrev Langstroth,[20] men Pettigrew sade emot och hävdade att halmkupor var det bästa materialet men även att träkupor var förödande för bina därför att kondens bildades på väggarna och orsakade mögliga vaxkakor.[21]

När jag började med biodling hörde jag min mentor säga då och då när olika sätt att gå tillväga diskuterades: ”Jag tror inte bina bryr sig särskilt mycket om vi gör si eller så.” På ett sätt hade han rätt. Honungsbiet verkar kunna göra vilken urholkning som helst till sin bostad och samhällen kan till och med klara sig över vintern på vaxkakor byggda i det fria.[22] Med de kupor vi bygger kan vi emellertid se till att vi inte går emot deras intentioner. Vi kan undvika att stressa dem speciellt under de tider på året då de inte kan rätta till våra misstag. Kyla/värme fukt/drag och brist på föda eller opassande föda kan bina inte klara av och kan förväntas stressa dem och i slutändan ge upphov till sjukdomar. Vi kommer att ägna oss åt värme och fukt i kuporna i det följande och börjar längt upp i kupan och arbetar oss nedåt.

## Frågor om värme och fukt – 1. Stöd för vaxkakor

Först tar jag upp frågan om vaxkakornas stöd eftersom den är helt avgörande för senare övervägande om kupdesign. Att välja relativt naturligt vaxbygge istället för ramar och industriella vaxkakor har sina följder för utseendet av resten av kupan. En mer detaljerad beskrivning av naturliga vaxkakor finns i ett särskilt kapitel. (kapitel 4)

Ett bisamhälle, en superorganism inte olik ett däggdjur,[23] håller en temperatur i yngelklotet på omkring 35 grader och även på vintern när det inte finns något yngel hålls temperaturen så hög som 25 grader, även om temperaturen utanför kan vara flera grader under nollpunkten. Värmestudier har gjorts i observationskupor på enskilda bin och vaxceller[24],[25] för att undersöka hur temperaturregleringen går till. Temperaturen då unga bin föds upp påverkar vingarnas utveckling[26] och påverkar även vilka uppgifter de får som fullvuxna bin.[27] Något lägre temperatur i yngelklotet förskjuter övergången till uppgifter utanför kupan som födosökning och minskar kommunikation medelst dans.[28] Beteende förändringarna har visat sig ge en subtil påverkan på den växande hjärnan.[29] Temperaturer något avvikande från det ideala ger arbetsbin som ser normala ut men visar defekter i inlärning och minne.[30] Bin som har utvecklats under icke optimala förutsättningar är mer mottagliga för trakékvalster (*Acarapis wood*).[31] Åtskilliga sjukdomar förknippade med smittsamma mikroorganismer, kalkyngel t.ex *Ascosphaera apis* uppträder med större sannolikhet om ynglet kyls ned. En biodling som tillåter bina att hålla en optimal temperatur hela tiden skulle hjälpa till att föda upp bin utan sådana defekter.

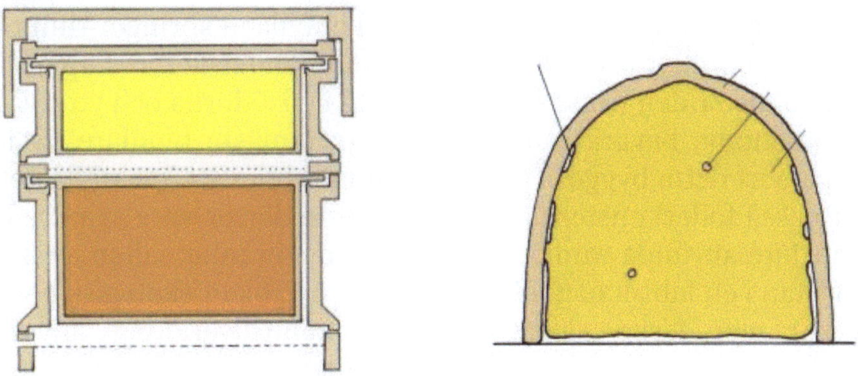

Fig.3:1: Scematisk genomskärning av en ramkupa och en halmkupa

Ett samhälle är framförallt en värme organism. I naturen är vaxkakorna hermetiskt fästade överst i en ihålighet, som t.ex. i ett träd, och de är fästade på sidoväggarna. Det ger inte bara stöd utan håller även kvar värmen. Det skapar återvändsgränder med varm luft, som eftersom den varma luften stiger och inte har någon annanstans att ta vägen, håller kvar värmen i kupan. Förnyelse av luften genom diffusion och aktiv fläktning med vingarna sker bara genom vaxkakornas mellanrum längst ned i kupan. Denna naturliga luftkonditionering kan kontrolleras av bina. Allt som görs för att undergräva denna sker på bekostnad av ökad aktivitet bland bina. Ökad aktivitet ökar konsumtionen av energi i form av sockerarter, binas bränsle, vilket normalt består av nektar eller honungsdagg. Halmkupor efterliknar binas naturliga förutsättningar mycket väl i den översta delen av en ihålighet medan, moderna biodlare sänker kupvärmen med ramkupor. Dessa lämnar luftspalter runt sidorna och över vaxkakorna, i motsats till t.ex. halmkupan. Det skapar en större area runt väggarna med ökad luftcirkulation som kyler av yngelklotet. En del biodlare invintrar t.o.m. sina bin under ett drottninggaller med flera skattlådor över. Detta fungerar bara i milda klimat förutsatt att socker lösning ges i stora mängder för att kompensera värmeförlusterna.

Bin avskyr tomma utrymmen. De försöker fylla ut springor runt ramarna med vax och/eller propolis. I första hand händer detta i kupans översta del men med tiden också mellan ramarna på sidorna och ytterväggarna. För att kunna bevara ramarnas rörlighet måste biodlare då ideligen skrapa bort detta bygge. Trots det kommer bina att återställa det. Detta ökar också foderkonsumtionen. Det måste därför vara mindre hållbart än att inte använda ramar. Vidare tillverkas ramar sällan av biodlaren själv utan i en fabrik någon annanstans, med ökad ekologisk belastning. Mycket mer virke slösas bort vid ramtillverkning än vid tex. kuptillverkning. Allt detta tillsammans ökar kostnaderna för biodlingen och ger ett större ekologiskt fotavtryck.

Kupor med relativt naturliga vaxkakor som i halmkupor, horisontella topplistkupor (hTBH)[32] och vertikala vTBH,[33] som Warré-kupan, är exempel på kupor, som är mer hållbara vad gäller värmehållning.

Det horisontella formatet- ibland kallade Kenyanska topplistkupor- har en rad topplister placerade tätt ihop överst på ett långsmalt tråg där botten oftast är något smalare. Listerna utgör kupans översta del bortsett från locket. Det samma gäller Warré-kupor, men där finns tomma spalter mellan listerna och dessa är klädda med en duk. I båda kuporna är vaxkakorna fästade i den översta delen av kuporna och i stor utsträckning även i väggarna. Jämfört med ramkupor hjälper detta att spara energi. På det sättet undviker de stress för bina, eller åtminstone sparar de binas arbete med att reparera skadorna på samhällets integritet som uppstått när ramar flyttas. Båda TBH formaten är emellertid inte nödvändigtvis hållbara över hela vår planet. Det horisontella formatet passar inte lika bra i kallare klimat och den vertikala är inte ordentligt testad i tropiska klimat och passar inte heller att hänga i träd, vilket är hur hTBH har utvecklats. När detta skrivs håller tre Warré-kupor på att testas i Brasilien av Dietrich Vageler och hittills har allt gått bra.[34]

Fig. 3:2: hTBH med vaxkakor, topplister och väggar. Photo: Dennis Murell

Fig. 3:3: Låda frånWarré kupa med delvis utbyggda vaxkakor, taget underifrån.

Jag blev varse rambiodlings nackdelar för bina när jag läste Johan Thürs[35] och Émile Warrés böcker. Thür ger övertygande argument vad gäller principerna för värmehållning och kuplukt (Nestduftwärmebindung) i bikupor och återupptäcker Johan Ludwig Christ (1739-1813)[36] som hade en kupa som liknade Warrés. I kapitel 10 beskriver jag en ram, ursprungligen designad för Warré kupan, som minskar problemen med värmehållning och kuplukt. Ramen kan vara en åtminstone tillfällig lösning i de länder där lagen kräver att vaxkakor lätt skall kunna flyttas och ersättas (Delon ram).

Även om biodling med ramar aldrig kan bli lika hållbar jämfört med den med topplistkupor, kan många av principerna vad gäller anpassning till binas villkor tillämpas även med ramkupor. För de som redan har ramkupor, skulle konsumtionen öka om de bytte ut all utrustning, och något minska de vinster som man därmed skulle få. En succesiv avveckling borde vara lämpligare och byta ut kuporna först när de blev för gamla. Biodlare som haft lång erfarenhet av ramkupor vilka, det måste vi medge, är bekväma för biodlaren, kanske känner att det är för sent att byta kupor, borde ändå kunna hitta något i dessa sidor om hur man kan göra sina åtgärder mer hållbara.[37]

## Frågor om värme och fukt – 2 Hur man täcker samhället

*Tak*

Hur ser det mest hållbara sättet ut att skydda samhället i de översta delarna av kupan? Värme förlusterna här är större då varm luft stiger. Den översta delen borde därför ha den största skillnaden mellan insida och utsida. Detta är en faktor att ta hänsyn till. En annan är att i varma eller även tempererade zoner måste den översta delen av yngelrummet skyddas mot solinstrålning. En ihålighet i ett träd skyddar mot båda dessa temperaturextremer eftersom lövverket skuggar sommarsolen och stammen ovanför ihåligheten har en stor mängd ruttnande trä som inte bara isolerar utan även tar upp fukt. I varma klimat försöker biodlare, förutom att ställa sina kupor i skuggan, att komma förbi värmeproblemet med att sätta ett ventilerat utrymme mellan täckbrädor/skiva och tak, som t.ex. i National Hive.

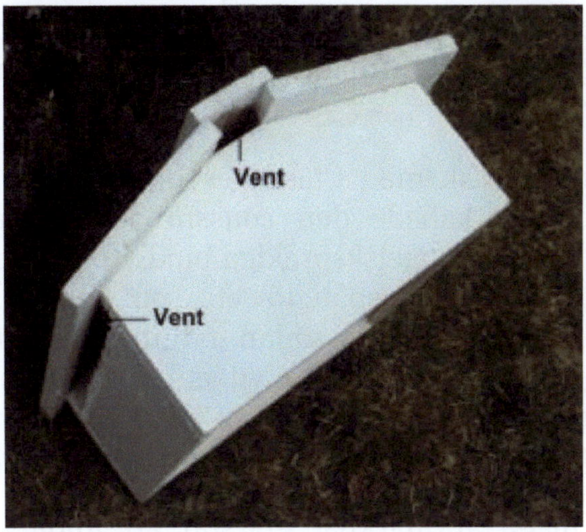


Fig. 3:4 Warré tak som visar ventilationsöppniongar.

Ett sådant utrymme är bättre ventilerat om man har ett tak med gavlar med öppna luftspalter på sidorna och överst på gavlarna. I en Warré-kupa har detta ventilerade utrymme ingen direkt förbindelse med resten av kupan eftersom takets insida har en skiva som vilar på kupan och hindrar tillträde till kupan för möss och annat. Den har inte samma funktion som en täckskiva i National Hive. Vi kallar den helt enkelt täckskiva eller musskiva.

*Quilt - Isoleringslåda*

Takets design ger skydd mot solen men minskar inte värmeförluster under vintertid. Vi behöver något under taket som isolering. Att inte använda oljebaserade produkter är ett sätt att öka hållbarheten. Syntetisk isolering bör därför inte komma ifråga. Som isolering kan man använda förnyelsebart material. Frank Cheshires kupa har en bricka med agnar.[38] Det är en träbricka 75-100 mm djup med gles säckväv fastklamrad i botten. Och fylld med agnar som täcker alla ojämnheter. Cheshire skriver: ”Otaliga förluster av samhällen beror utan tvekan på felaktigheter i kupornas täckning, hur konduktivt materialet är, hur tätt det omsluter, vilket är mycket viktigare än själva väggarna.” Denna bricka liknar i viss mån hur det ser ut överst i en ihålig trädstam eftersom där finns ett tjockt lager ruttnande trä som kan suga upp och avge fukt, som en buffert.

En anordning identisk med Cheshires bricka med agnar dök upp i Warrés kupa. Han kallade den *coussin* och har en funktion som motsvarar *quilt* bland engelskspråkiga biodlare. Han rekommenderade att använda kutterspån, sågspån, löv etc. som fyllning. Som man kan se i tabellen i Appendix 1 har sådan fyllning hälften så stor värme genomsläpplighet som mjukt virke vilket också har bra isoleringsvärde när det är torrt. Quilt-fyllningen byts ut varje år eller oftare om det finns tecken på fukt. Det kan användas för att hålla nere ogräs runt kupan.

Om fuktbuffringen är märkbar återstår att undersöka. Materialet i Warrés quilt är visserligen hygroskopiskt men Warré biodlare i olika klimatzoner är inte överens om huruvida quilten egentligen har någon större betydelse när det gäller fukt. (se kommentarer på sid 139) Det finns emellertid bevis för att bina själva kontrollerar fuktigheten, även om det kan komma i andra hand med hänsyn till kontroll av temperatur och luftutbyte.[39]

Villa et al. testade en quilt under experiment med langstrothkupor eftersom de hade hört att biodlare i Iowa sedan årtionden hade använt sådana eftersom de trodde att den var bra som isolering och fuktkontroll.[40] Den bestod av en låda med nätbotten och innehöll 11 kg havre. De fann ingen märkbar effekt vad gäller foderåtgången under vintern.

Om quilten och taket tillverkas av begagnat virke blir det ekologiska fotavtrycket lägre.

*Täckbrädor/skiva.*

De flesta kupor numera har en täckskiva av trä. Eftersom topplister räcker som stöd för vaxkakor behövs bara en bität täckning som vilar på listerna för att hålla kvar lukt och värme. Den kan bestå av en enkel säckväv av jute alldeles över topplisterna. De ytor som blir synliga under duken och de små hålen i väven blir snart täckta med propolis. Det har två fördelar jämfört med trä. En är att den kan förnyas varje år nästan utan kostnad, särskilt om överbliven säckväv används. Den andra fördelen är att den kan dras av utan att man stör bina. Man behöver inte använda kupkniven som hävstång och därmed ingen skada på vaxkakorna.

Ytterligare en fördel är att täckskivan vilken vanligen är av plywood är relativt ogenomtränglig för vandring av gaser och vattenånga jämfört med en duk av jutevävav även om den är täckt med propolis. Därför tillåter denna tunna väv i kombination med att spalterna mellan topplisterna ger en mycket större area för ventilation än hålen i en täckskiva, en mycket större potential för diffusion.

*Kalla klimat*

Topplistkuporna som beskrevs ovan utvecklades av biodlare, som Cheshire och Warré, i tempererade klimat. Man kan lägga märke till att de kan användas långt upp i norr, t.ex. på taigan i Nordamerika, där temperaturerna kan vara långt under noll under veckor i sträck. Eftersom quilten och topplistduken är vattengenomträngliga kan det bildas kondens som kan droppa ner på bina. Experiment gjorda med denna anordning 2008-2009 i Alaska Alberta visar hittills att det inte finns någon anledning att inte använda den även i kalla klimat.

## Frågor om värme och fukt - 3. Kupdesign

*Form*

Den runda formen är den idealiska för en delbar/utbyggnadsbar kupa eftersom den har den minsta yttre arean mot omgivningen och därmed minimerar värmeförlusterna. Därför borde den vara cylindrisk. Ett ihåligt träd,[41] en halmkupa,[42] en urholkad stock och ett otal kupor i lera eller bränd lera har oftast denna form. Och som Günther Hauk har påpekat allt som rör bin har den runda formen: hängande och flygande svärmar, drottningcellen, den ekonomiska sammansättningen av runda celler som ger en sexkantiga former, vaxkakornas naturliga form, enligt Eulers lag, den hängande kedjan, vinterklustret etc.[43] Att forma en kupa efter klustrets form har noggrant genomförts i ”Den hängande bikupan” .[44] (Weissenseifner Hängekorb se fig.3.5)

Fig. 3:6 Spansk stockkupa med spjälor

Tyvärr är den runda formen svår att få till när man väljer trä som material; så den kvadratiska är den näst bästa när det gäller värmeförluster. Det är också mer praktiskt för en biodlare som inte är så skicklig hantverkare. Ett antal hobby biodlare experimenterar med kupor som har mer än fyra hörn – sex, åtta och sexton – för att närma sig den runda formen. En har till och med utvecklat en delbar rund kupa av gips och halmhack. Dessa är dock sällsynta men kommer att behandlas senare.

Fig.3:5: Den hängande bikupan. Photo Ettamarie Peterson

*Material*

Den idealiska sammansättningen av kupväggarna beror i viss mån på vilket förnyelsebart material som finns tillgängligt lokalt. Vanligen blir lösningen trä eller något annat växtmaterial. Enbart ur materialsynpunkt är halmkupan idealisk, på grund av sina isolerande och vattengenomsläppliga egenskaper. Den liknar också förhållandet i det ihåliga trädet: en kupolliknade rund form med vattengenomsläppligt och isolerande material, ruttnande trä. Tabellen i Appendix 1 visar att packad halm har ungefär hälften av mjukt virkes värden för värme konduktivitet. Den uppmätta konduktiviteten är dock nästan samma som i mjukt virke. Skillnaden beror på vilken sorts halm som använts, graden av packning och fukthalt. I en halmkupa bör halmen bara packas så hårt att den är bität och kan hindra drag. Bina kommer att försegla alla springor med propolis.

Det finns dock problem med halmkupor. De kan medföra det barbariska och slösaktiga praktiserandet av kvävning av samhällen med svavel vid skörd. Deras brist på stabilitet förhindrar att man kan bygga uppåt och begränsar därför samhällenas storlek. De är känsliga för möss. De måste vanligen också ges ett yttre skyddande skal. Matthias Thun har övervunnit alla dessa problem med sin kupa av halm och trä som är robust, utökningsbar, delbar och kan ha topplister. Exemplar av dessa har hållit i över 50 år.[45] Hans intryck är att bin trivs bättre omgivna av halm. För bästa stabilitet och genomsläpplighet bör råghalm användas eftersom råg har högst kisel innehåll. Utsidan på denna halmkupa klinas med lera, halmhack och färsk kodynga. Annars behövs ett extra skal.

Uttryck i energitermer är det troligt att råghalm har fördelar även där det finns gott om trä, särskilt när vi tar med i beräkningen allt det innebär att få fram sågade brädor ur ett stående träd för att tillverka träkupor. Tyvärr har det blivit nästan omöjligt att få fram tillräckligt lång råghalm i det moderna jordbruket. Så till dess biodling med halmkupor är mer praktiskt möjlig är trä det bästa för de flesta.

Vi får inte heller glömma att i vissa regioner är lera fortfarande det bästa materialet. Bränd lera är relativt lätt att forma cylindriskt eller i klockform. Det användes inte bara för tusentals år sedan utan är fortfarande i bruk. De kan huvudsakligen delas upp i två slag. Den ena är cylindriskt vertikal och den andra är cylindriskt horisontell. Ett intressant exempel är Isidoros Tsiminis topplistkupa vars form liknar den traditionella *vraski* kupan som användes på Kreta till för några decennier sedan. Även om oglaserad keramik är både luft- och vattengenomtränglig andas den precis som andra naturmaterial. Den har en värmekonduktivitet som är tio gånger högre än trä. Den passar därför bättre i varmare klimat. Det är också där den vanligen används t.ex. i östra medelhavet och mellanöstern.

Fig. 3:7: Isodoras Tsiminis terracotta kupa[46]

Även om valet av kupmaterial begränsas till trä, har det stor betydelse hur det hanteras för att få fram en kupa. I regioner där stockkupor är i bruk, som i de horisontella kuporna i Jumla, Nepal, är kupor gjorda av sågat virke inte ett alternativ. De skulle inte bara behöva tillverkas på ett arbetskrävande sätt med en yxa, eller genom att hyra två som sågar. De skulle också behövas sammanfogas på något sätt. Halm är inte heller här ett alternativ, eftersom det är mycket eftertraktat i djurskötseln och mycket utsatt för möss och råttor. Därför återstår stockkupan som det mest hållbara alternativet och fungerar utmärkt ur värmesynpunkt på 3000 meters höjd med sina tjocka väggar.

Det har rekommenderats att biodlare i utvecklingsländer borde tillverka kupor av material som metall, plast och t.o.m. av cement.[47] Även om dessa material kan vara mer lättåtkomliga än trävirke till exempel i vissa områden, klarar de inte krav på hållbarhet vad gäller förnyelse och energiförbrukning. I områden där tillgången på trä är låg, särskilt brädor, borde första valet falla på något växtmaterial som vass, halm eller klinad flätad vide.

Fig.3:8: Samhälle i liggande stockkupa, Nepal. Foto: Naomi Saville

*Väggarnas tjocklek*

Vi fortsätter nu med en bivänlig design av träbikupor av brädor. Vattenånga passerar genom trä, särskilt om det inte är hindrat av någon form av målning; och trä ger tillräcklig isolering i alla utom de kallaste klimaten. Den önskade tjockleken beror på de omgivande temperaturerna. I varma eller heta klimat borde 20 mm vara ett minimum om man enbart tar hänsyn till stabilitet.

Vad gäller vertikala delbara topplistkupor, sådana som Christ eller Warré, är en hållbar möjlighet för kallare klimat att använda tjockare vägg och i mer extrema fall en yttre isolering under vintern av något förnyelsebart material som skyddas mot regn. Väggtjocklek på 38-50 mm har framgångsrikt använts i Warré kupor i klimat där temperaturer legat på – 30 grader under förutsättning att en skyddande isolering har lagts till under vintern. I sådana områden är det tillrådligt att värme resistensen (R–värdet) ökas till 1Km2/W. Eftersom en tjock trävägg endast kan ge ungefär hälften av detta, kan resten adderas med träfiber skivor skyddade från regn med ett yttre lager av något fuktsäkert material.

*Betydelsen av lådors inre mått*

Väggarnas tjocklek är inte det enda man behöver ta hänsyn till. En annan viktig faktor vad gäller värme är lådans inre mått. En stor bisvärm som hänger fritt är ungefär 30 cm bred. På vintern har ett samhälle i en Langstrothkupa en klusterdiameter på 20-25 cm[48] i en låda på 37x47 cm. Om en låda görs för att passa, låt säga, 30 x 30 cm borde den bli fullt utbyggd av bina och därmed ha uppvärmning i större delen av utrymmet. Sådana mått reducerar ett tomrum som tillåter luftströmmar att uppstå och hjälper till att förhindra kondens bildas liksom det mögel som förknippas med väggar och yttre delar av vaxkakor i vida kupor. Med smalare lådor är det möjligt att använda tjockare väggar utan att den ökade vikten gör dem ohanterliga. Jag använder 25 mm tjockt virke. En fördel med att göra väggarna tjockare är att de närmar sig tjockleken hos ett ihåligt träd.

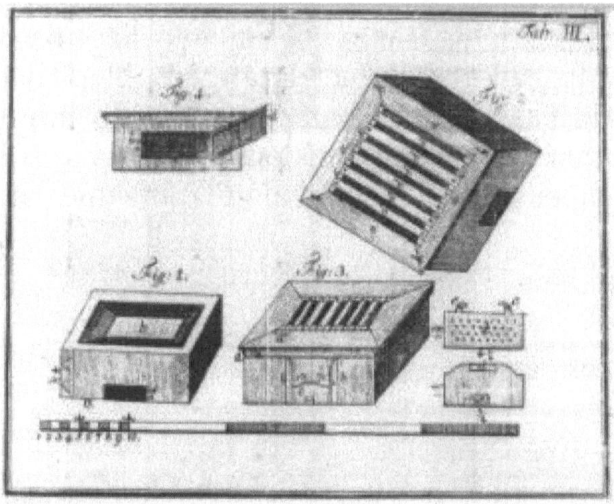

Fig 3:9: J.L. Christs topplistkupa, ca 300 x 300 mm innermått med en reglerbar flusteröppning. Sex topplister och ett fönster på baksidan. Endast ingången på den nedersta lådan hålls öppen.[49]

En mindre bred insida är bivänlig av en annan orsak; det placerar nästan hela vinterförrådet rakt ovanför klustret, vilket naturligt arbetar sig uppåt i förrådet och under extrem kyla inte kan röra sig i sidled. I kupor med bredare format kan samhällen svälta ihjäl med fulla förråd bara några centimeter i sidled från dem. Dessutom används mindre energi i form av honungsförråd i en smalare kupa under vårexpansionen.

*Lådans djup*

Hur djup bör en låda vara? Om vaxkakorna ska flyttas och sättas tillbaka, vilket krävs i lag i vissa stater, får de inte vara för djupa. Men de får heller inte vara för låga så att yngelklotet delas för mycket av topplister. Warrré experimenterade med ungefär 350 kupor av olika slag innan han bestämde sig för ett djup på 210 mm, vilket ger vaxkakor på ungefär 195 mm. Detta tillåter en bigång under och tjockleken av en topplist.[50] Detta råkar vara endast ett par millimeter mer än yngellådans djup i National Hive. Han kom till dessa 210 mm delvis på grund av att det var bekvämare vid skattning. Hans experiment pekade på att ett djup på 400 mm skulle vara idealiskt för yngelklotet. Men ibland hade lådan då yngel fortfarande vid skattning så han föredrog 210 mm i lådorna.[51] Den uppenbart smala bredden i kuplådorna på bara 300 x 300 x 210 mm innermått kompenseras med vertikal utökning underifrån.

*Isolering*

Om man skall isolera eller ej beror delvis på hur sträng en normal vinter är. För mycket isolering lösgör klustret och kan därför öka aktiviteten och minska honungsförrådet. Det kan också minska fördelarna med solinstrålning som ju under vintern faller mer horisontellt på väggarna. Det finns alltså en balans som måste hållas. Isolering aktualiserar också problemet med materialval. En lösning är en kupa med dubbla väggar som William Broughton Carrs kupa (WBC) som har ett mellanrum mellan väggarna och som fungerar som isolering. Detta ökar komplexiteten, materialförbrukningen och kapitalkostnaderna avsevärt liksom besväret för biodlaren. Samma sak gäller Langstroths kupa med dubbla väggar där mellanrummet fylls med gips.[52] I experiment med dubbelväggade kupor fann Warré dessutom att bina där konsumerade 2 kg honung mer under november till februari än kupor med bara en vägg. Bipaviljonger har använts sedan länge i vissa länder. Dessa ger kuporna en andra vägg och tak som effektivt skyddar mot regn och kyla. Det är emellertid ett slöseri med resurser. En annan traditionell lösning är att omge kuporna med halmbalar, vilket väcker frågan om det inte är bättre att göra kupan av halm från början. Halmbalar hindrar solinstrålning på väggarna.

## Frågor om värme och fukt - 4. Botten och ingång

Bottnen och ingången måste tillåta lagom ventilation och tillräcklig area för in och utflygning liksom avrinning av kondens från väggar. Om man använder en fast botten hjälper det om insidan lutar något mot ingången. Många har funnit att ett öppet nätgolv, vilket har visat sig minska Varroa,[53] också har ökat ventilationen liksom mögel på vaxkakorna. Andra forskare har emellertid har inte kunnat visa att nätgolv verkligen gör det.[54] Så man måste fråga sig om ett litet bortfall av Varroa verkligen rättfärdigar en ventilation som ligger långt från binas egen kontroll, särskilt under vintern när de borde spara energi och därmed förråd. Det verkar inte så eftersom experiment med övervintrande bin visar att nätbottnar ökar honungskonsumtionen med 20 %.[55] Eftersom bina dessutom verkar kunna kontrollera fuktigheten till en viss grad,[56] ökar risken att en stor öppning undertill undergräva deras möjlighet till kontroll. Att ha en hög fuktighet förhindrar Varroans reproduktion.[57] Det tvivelaktiga användandet av nätbotten för att minska Varroa i kombination med högre komplexitet, kostnader och det större ekologiska fotavtrycket, särskilt för metallnätet, talar för att de inte är hållbara varken ekonomiskt eller ekologiskt. Varroa förökar sig snabbare i kalla kupor[58] så om nätbotten används behövs en draglåda undertill för att behålla värmen och hindra drag.[59] Detta hjälper bina också med deras värme kontroll. Om bina får en liten men lagom ingång kan de skapa de luftströmmar de behöver inne i kupan. En olycklig följd av denna låda är emellertid att eftersom bina inte har tillgång till den, samlas skräp där som vaxmott och andra mikroorganismer kan föröka sig i, särskilt när det bildas kondens på den när bina drar. Att hålla den ren kräver extra besök, som minskar hållbarheten av hela åtgärden. Om allt tas med i beräkningen verkar en träbotten vara det mest hållbara alternativet. Ingångshålet måste vara tillräckligt stort för att klara både ventilation och utrymme när bina drar men samtidigt inte binda upp för många vaktbin att försvara kupan eller riskera fritt inträde för röveri. För att efterlikna vildbins bostäder i ihåliga träd och för att minimera konvektionsförluster bör också ingången finnas nertill. Warré som hade sin biodling i norra Frankrike, experimenterade med olika storlekar på ingångshål och fann att 120x 15 mm var det mest tillfredsställande. Detta motsvarar en area på 18 cm2 vilket ligger på 10-20 cm2 för vildbin i genomsnitt.[60] 18 cm2 kanske inte räcker i områden där drag förhållandena är bättre än genomsnittet, för ett stort samhälle eller i varmare länder. Precis som när man införlivar en ny teknik i ett nytt område är experiment, observation och jämförande med lokala biodlares erfarenheter tillrådligt när man bestämmer ingångshålets storlek.

# 4. VAXKAKOR

Fig. 4:1: Bilder tagna underifrån. Vaxkakorna i Warré kuporna har inte haft startvaxremsa utom nederst till vänster. Foto: Bernhard Heuvel

De flesta biodlare finner det opraktiskt att låta bina bygga helt naturliga vaxkakor, t.ex. genom att inte använda ramar utan en skiva längst upp eller topplister utan startvax. Men i traditionella halmkupor, vilka tjänat biodlare i över tusen år, har bina tillåtits bygga sina egna vaxkakor lika naturligt som i ett ihåligt träd. Bortsett från begränsningarna från ihålighetens storlek och form bygger bina helt efter egna ritningar vad gäller mellanrum, cellstorlek, fördelning och ondulering (se fig. 4:1) I halmkupor finns det i bästa fall några stickor som stöd. Nu föredrar biodlare att leda binas vaxkakebygge i viss utsträckning. Det kan variera från bara topplist mot topplist med en tunn hinna vax på undersidan; till topplister med startremsor av vax; till startremsor av färdigbyggda vaxkakor; till ramar med helt färdigbyggda trådade vaxkkakor; till plastkakor.

## Drönarceller

En helt färdigbyggd vaxkaka är det minst bivänliga valet eftersom det på förhand bestämmer cellstorlek. Detta strider mot naturliga förhållanden både vad gäller drönarceller och arbetarceller vilka där har olika storlekar fördelat på vaxkakorna. Drönarceller betraktas vanligen som oproduktiva eftersom kupor med sådana lagrar mindre förråd, låt vara att bina i experimenten fodrades artificiellt.[61] Drönare konsumerar förråd. Så, om man följer Langstroth,[62] uppmuntras inte byggande av drönarceller därför används vaxkakor med arbetsbiceller och på senare tid skärs drönarceller bort för kontroll av Varroa.Eftersom vi inte vet värdet i långa loppet av en naturlig population drönare för samhällenas hälsa, bör vi ifrågasätta dessa åtgärder, särskilt med tanke på att man i naturliga förhållanden har funnit 17 % drönar celler. I dessa vilda samhällen utvecklades en genomsnittspopulation i juli/augusti på över 1000 drönare (5,6 %).[63] Det kan rimligtvis antas att regioner med stort antal drönare maximerar frekvensen och den genetiska mångfalden vid drottningarnas parning. I värsta fall kommer en dåligt parad drottning att sluta i förtid med äggläggningen och i bästa fall kommer arbetsbina att driva fram en ny drottning eftersom de upptäcker att hon varit för dåligt parad.[64]

Drottningar som är naturligt parade ger samhällen som är bättre rustade att klara ut yngelsjukdomar,[65] även amerikansk yngelröta artificiellt inympat med sporer av Paenibacilus *larvae.*[66] Ett liknande resultat vanns vid inympning med *Ascosphaera apis.*[67] Naturligt parade drottningar anses ge ytterligare en fördel eftersom den gynnar genetisk mångfald i ett samhälle och därför minskar sannolikheten att parasiter och smittbärare orsakar katastrofartade sjukdomar.[68] Genetiskt mera mångsidiga samhällen d.v.s. de med ett större antal linjer på faderssidan är bättre rustade att upprätthålla stabila temperaturer i yngelklotet och är mer produktiva.[69,70] Detta gäller även förmågan att bygga ut naturliga vaxkakor snabbare.[71] Genetisk mångfald är även vanligen viktig för att upprätthålla den inre sammanhållningen. Skillnader mellan subfamiljer i samhället har upptäckts för följande genetiskt baserade specialiseringar: föredrar insamling av pollen, nektar, vatten eller dansbin; söka bostad; vakta ingången; föda upp och vårda yngel; putsa och vårda andra; fläkta vid höga temperaturer.[72] Eftersom drönare medverkar till naturligt urval mellan konkurrerande samhällen d.v.s. mellan samhällen som skickar drönare till parningsställen[73] är det viktigt att ha en naturlig produktion av drönare i alla slag av biodlingsmetoder. Dessutom tror man att drönare använder en hel del av de förråd de konsumerar till uppvärmning av yngel. Deras roll i uppvärmningen är dock under utredning. Om det visar sig vara riktigt befriar de potentiellt arbetsbin för insamling av nektar.

Fig 4:2 Relativt naturlig vaxkaka från en hTBH som visar cellstorlek Foto: Dennis Murell

## Arbetsbinas celler

Att låta bin själva bestämma storleken på sina celler kan också vara riktig för deras hälsa. Arbetsbicellernas storlek i färdigbyggda vaxkakor varierar från 5,0 till 5,7 mm[74] i olika länder. Min närmaste biredskapshandlare har 5,7 mm. Skalan visar ett visst godtycke och likgiltighet för binas aktuella behov. Man har trott att ett användande av större celler har åstadkommit större bin som nu bygger större celler än de brukade tidigare innan det fanns färdigbyggda vaxkakor.[75] Detta motsägs dock av forskning i äldre biodlingslitteratur från 1700-talet vilken visar att bin som får sköta sig själva bygger celler av samma storlek som visas i den gamla litteraturen.[76] En del anser att användandet av vaxkakor präglade för att ge större bin än i naturliga vaxkakor har haft motsatt effekt på binas hälsa särskilt med hänsyn till *Varroa destructor*. Det finns också en falang biodlare som anser att bin bättre tolererar Varroa om cellerna är mindre. Detta åstadkoms genom att använda speciellt små celler för att tillbakabilda bin till mindre storlek vanligen 4,9 mm.[77] Visserligen har vissa visat att Varroa angreppen är lägre med mindre celler.[78],[79] Men färsk forskning av fyra oberoende forskargrupper har framfört allvarliga tvivel rörande värdet av konstgjorda små celler.[80],[81],[82],[83]

Hur som helst är det knappast bivänligt att tvinga bin till vaxkakor med en enda storlek oavsett vilken storlek. Mätningar gjorda på cellstorlek i relativt naturliga eller vilda samhällen visar en bred variation av storlekar från kakornas delar med förråd överst (5,4 mm) till de lägsta delarna av yngelområdet (4,6 mm).[84] Även i yngeldelen varierar arbetsbicellernas storlek. Det verkar inte finnas någon forskning som visar de olika storlekarnas roll vad gäller de vuxna binas funktioner.

Ett sätt att låta bina hitta sin egen mix av cellstorlekar är att preparera topplister eller ramar med bara en tunn vaxremsa. Den extra vaxproduktionen när man tillåter dem att själva bygga alla vaxkakor, kanske förbrukar en del av den inkommande nektarn som annars hade hamnat i honungsöverskottet, men den ökar förmodligen bisamhällenas hälsa. Warré fann i sina experiment att det inte tar längre tid för bin som bygger egna naturliga vaxkakor än om de byggt på färdigpräglade.[85] Om däremot instinkten att bygga fria vaxkakor har försvagats under det långa användandet av färdigpräglade, kan bredare startremsor användas åtminstone i början.

Att använda färdigpräglade vaxkakor ökar komplexiteten, kostnaderna och det ekologiska fotavtrycket med allt vad tillverkningen innebär, pressning, distribution, trådande, förvaring etc.[86],[87] Det mest hälsosamma och hållbara alternativet är att inte använda dem.

## Avstånd mellan vaxkakor.

Utan något slags startremsa, vaxsträng eller tunt lager vax, och utan några kakguider sådana som T- eller V- formade topplister, är bina helt fria att orientera kakorna helt efter eget behov i det utrymme de har getts. För många biodlare känns detta som ett steg mot kaos, ett steg för långt. Det gör att kakorna inte kan hanteras. Inte desto mindre använder biodlare runt om i hela världen traditionella äldre metoder, antingen som en fortsättning på vad de alltid gjort i regionen eller på grund av att man återinfört dem. Biodling med helt naturliga vaxkakor, fritt bygge, är tydligen helt möjligt. Det kan dessutom ge hittills okända fördelar för binas hälsa.

Det finns helt klart en viss mytbildning vad gäller avstånd mellan vaxkakor. Mätningar av fritt byggda kakor visar att även för det europeiska *Apis mellifera,* eller korsningar med det, är c/c avståndet vanligen 30 - -32 mm, särskilt nära centrum.[88] Avstånd på 40 mm har påträffats särskilt i ytterkanterna. Biodlare som använder europeiska raser använder 35-38 mm. I Warré-kupor är c/c avståndet 36 mm mellan topplisterna om man använder någon form av starremsa.

Om avståndet helt får väljas av bina måste man överge all form av kakhantering. I de vertikala topplistkuporna, sådana som Warrés, kan vaxkakorna hanteras i enheter av en låda. I kapitel 10 ska vi se närmare på vad som händer om även topplister slopas.

Fig. 4:3: Fritt bygge överst i en avläggarlåda

## Vaxkakornas orientering.

Det har länge varit känt att bin är känsliga för jordens magnetiska fält och att de kan rätta riktningen på vaxkakorna efter fältens riktning. En svärm som tar en ny ihålighet i besittning kan ”komma ihåg” och kopierar vaxkakornas orientering efter modersamhället.[89] Precis som när det gäller avstånd mellan vaxkakor vet vi inte i vilken utsträckning det subtila inflytandet från jordmagnetismen påverkar. Om man inte ger någon artificiell guidning kommer denna att kunna påverka fullt ut. Det kan därför vara till hjälp att minimera mängden järn i kupan: spikar, skruvar, ramtråd, drottninggaller, nätbotten och takplåt etc. En del biodlare använder koppar eller aluminium.

Studier på vilda samhällen har visat att det inte finns några preferenser vad gäller kakornas orientering i förhållande till ingångshålet.[90] Det lämnar biodlaren fri att välja riktning om någon form av guidning används.

## Vaxkakornas ålder

I vilda/förvildade samhällen finns en naturlig förnyelse av vaxkakor. Oanvända vaxkakor från den senaste säsongen som inte fyllts med yngel kan helt eller delvis rivas ner och bli uppbyggda igen. Om ett samhälle dör eller så småningom lämnar kan många sorters ”asätare” som vaxmott och möss successivt bryta ner vaxet till pulver. I naturen finns en varierad grad av förnyelse.

Anledningen till att vaxkakornas förnyelse tas upp här, är att gammalt vax misstänks samla smittbärande organismer och cellerna har visat sig vara något mindre i storlek. Forskning har visserligen visat att i mörkt, tungt, gammalt vax blir utkrupna bin något mindre i jämförelse med bin uppvuxna i nytt vax. Men paradoxalt nog visade det sig att överlevnadsgraden bland två veckor gammalt yngel var något högre i gammalt vax trots att arean på täckt yngel på nytt vax var 20 % större.[91] Kupornas population vid slutet av säsongen visade totalt sett inga förändringar beroende på ålder av vax. Det finns alltså inget klart budskap från denna studie beträffande ålder på vax och man kan därför dra slutsatsen att rutinmässigt byte av vax inte är skadligt. Åsikterna varierar bland biodlare om huruvida drottningar föredrar att lägga ägg i nytt eller gammalt vax, men studien visar att de hellre lägger i nytt. En del biodlare med lång erfarenhet har inte ansett det skadligt att använda gammalt hårt vax förutsatt att det verkligen håller. De anser att det är bättre att övervintra på.[92]

Rambiodlare försöker vanligen byta ut vax varje år genom att ersätta två eller tre ramar med gammalt vax i färdigpräglade vaxkakor och på så sätt skapa en femårig förnyelsecykel. I mer extrema situationer, om europeisk yngelröta har grasserat byts allt vax ut t.ex. genom skakning och förstörelse av vaxet. För att byta ut endast ett fåtal ramar sätter man ofta in präglat vax i yngelklotet för att få snabbare bygge hellre än på sidorna, där vaxet ofta blir gammalt innan bina bygger på det. Nackdelen med detta förfarande är att yngelklotet splittras vilket går emot binas natur och värmehållning. Ett byte enligt Baileys metod är ett mer organiskt och grundligt sätt att förnya vax emedan den håller yngeklotet intakt tills det finns nya vaxkakor.

I hTBH finns det inget allmänt vedertaget sätt att förnya vax men det kan göras relativt enkelt genom att placera tomma topplister vid ena sidan, lämpligen försedd med en startremsa på några få millimeter.

I vTBH är vaxbytet inbyggt i skattningsprocessen överst i kupan och genom att lägga till nya lådor underifrån, vilket också undviker att störa yngelklotet. När yngel lämnar celler i den övre delen av kupan, fylls de så småningom med nektar och hela yngelklotet förflyttar sig nedåt. Så här fungerar det också i naturliga samhällen där honungen lämnas i de övre delarna.[93] Under loppet av en säsong i en vTBH uppnås samma sak som i ett Bailey byte av vax. Vaxförnyelse sker automatiskt i alla kupor där vaxet skärs ut vid skattning, tex i halmkupor.

Fig. 4:4: Förnyelse av torrt vax från ett tidigare år.

## Betydelsen av naturliga vaxkakor vid kommunikation

Vaxkakor är mer än bara skelettet i binas superorganism. Det utgör också ett kommunikationssystem både kemiskt och mekaniskt. Feromonernas roll för att hålla samman ett samhälle har man länge känt till och det är inte orimligt att anta att kommunikation med feromon i hög utsträckning sker tredimensionellt i samhället. Om t.ex., "dansgolvet", det område där bina utbyter information om t.ex.

dragmöjligheter, flyttas till ett annat ställe, flyttar dessa dansbin med. Ett annat exempel är yngel feromon vilket påverkar både fysiologi och beteende hos andra medlemmar i samhället. Om det finns en fysisk organisation för feromoner kan praktiserandet att hantera ramar utifrån biodlarens bekvämlighet vara mer stressande för bina än att bara lyfta upp och sätta tillbaka ramar på deras gamla plats. Bevarandet av den tredimensionella feromonstrukturen kan vara en nyckel för att förstå vad Johan Thür menade med att bevara kuplukten med sitt begrepp ”kupvärmelukt”.

Biodlare är vanligen medvetna om vikten av ovanstående. Återkommande inspektion av vaxkakor följt av att sätta tillbaks dem inte bara i samma ordning utan åt samma håll är vanligt. Det finns också en medvetenhet om mer subtila aspekter av den tredimensionella strukturen, fastän ännu inte vad gäller feromonstrukturen.[94,95]

Vaxkakorna är förmodligen också viktiga för mekanisk överföring av ljud mellan bin. Jürgen Tautz beskriver det som ett ”telefonnätverk”.[96] Om vaxkakor är fästa i ramar kan de inte lika lätt vibrera och på så sätt överföra signaler. I området där ”dansgolvet” finns tuggar bina bort vax för att få ett brett gap mellan vaxkakan och ramen. Detta extra arbete behövs inte i kupor med fritt hängande vaxkakor. Man kan också ifrågasätta betydelsen av att färdigpräglade vaxkakor vanligen får tjockare mellanväggar än naturliga vaxkakor även om dessa görs tunnare under bygget.[97]

# 5. AVSKILDHET

Störningar förvirrar samhällen. Den förmodligen vanligaste formen av avsiktliga störningar står biodlaren själv för. Varje öppning av kupan som släpper ut värmen tvingar bina att reparera skadan. Sönderbrutna vaxkakor, skadad propolis är några exempel, liksom att återskapa "värme strukturen". På vintern kan klustret ta mer än tre dagar på sig för detta.[98] Beroende på hur omfattande en åtgärd är kan det även på sommaren ta så mycket som en dag för att återgå till läget innan öppningen. Yngel som blir nerkylt på våren riskerar att få yngelröta.

Återställande efter ingreppen sker på bekostnad av andra aktiviteter och ökar energiförbrukningen och därmed minska honungsförråden. Nästan all inkommande nektar som finns tillgänglig går åt för att återställa värmen.[99] Att öppna ett samhälle som redan håller på att klara ut utmaningar som skadeinsekter och sjukdomar kan tippa över balansen så att det dukar under. För att vara bivänlig måste sålunda sådana åtgärder minimeras. Det kan innebära bara en öppning av kupan per år, nämligen vid skattning. En vTBH som Warré-kupan gör en så låg öppningsfrekvens möjlig eftersom nya lådor sätts till underifrån. I naturen växer yngelklotet alltid neråt och vaxkakor kan växa neråt till hela 1,5 meters längd. Att sätta till lådor neråt tillåter samhället att expandera obegränsat och värmen släpps inte ut därför att yngelklotet kan lyftas intakt tillsammans med täckningen. En enkel manuell hiss tillåter en enda person att utföra detta utan några störningar för bina.[100] Fulla lådor med honung tas bort överst, om möjligt genast efter huvuddraget.

Även en hTBH kan i viss mån hanteras utan att släppa ut värmen. Den hanteras bakifrån d.v.s. på flustrets motsatta sida. Topplisterna som sitter tätt ihop hindrar värmen att smita ut. Vaxkakor kan sedan skattas eller flyttas längre bak så att nytt utrymme skapas. Man kan även se till att behålla de få öppningarna av vTBH även i länder där lagen kräver ramar som kan inspekteras genom att lägga inspektionerna vid den årliga skattningen. Då kan även yngel inspekteras. Även biodlare med vanliga ramar kan fundera över hur ingrepp kan undvikas.

Fig. 5:1: Vildbygge Foto: Joe Waggle

Fig. 5:2: Svärmfångare av återanvänt virke

Fig 5:3: Foderttråg; En spegel visar kupan underifrån

Rörliga ramar är ett tämligen sent fenomen i biodlingens historia. Kan de vara en bidragande orsak till att sjukdomar och epidemier ökat i modern tid? En sådan fråga skulle kunna besvaras genom ett väl genomfört forskningsprojekt, helst i flera regioner, som jämförde ramkupor och kupor utan ramar eller intensiv biodling och biodling med få ingrepp.

Att förebygga svärmning är en annan orsak till att samhällen störs med jämna mellanrum, ibland så ofta som varje vecka och upp till fem månader i sträck hos vissa biodlare. En verkligt bivänlig hantering borde inte gå emot insekters instinkter. Enligt mångas förmenande är svärmning den mest besvärliga instinkten att hantera och biodlare använder alla möjliga sorters metoder för att förebygga den. Svärmning och det sätt vi hanterar den på kan röra alla tre aspekterna av hållbarhet; ekonomiskt, miljömässigt och socialt. Man har tex dubbel uppsättning utrustning åtminstone under en period. Men bara att låta möjliga svärmar smita iväg innebär en ekonomisk förlust för biodlaren och kan orsaka missnöje hos grannar. Så kan vi hitta en berättigad policy för att inte ingripa i svärmningen? Vi skall titta på några möjligheter för detta.

Den mest tidskrävande, men spektakulära, formen för fri svärmning som jag stött på användes i Goerg Klindworths biodling med Lüneburger halmkupor i Tyskland, åtminstone fram till 1970-talet. Biodlarna väntade på de första tecknen på svärmförberedelse och fångade dem i nätstrutar.[101] Detta passar bara de mest dedikerade biodlarna med oändligt med tid över. Ett alternativ till detta, vilket inte innebär att biodlaren är närvarande, är en svärmfälla vid ingången. Även svärmfällor har nackdelen att de är relativt tidskrävande och kräver dessutom en ganska ingående kunskap om när en svärm är i antågande, särskilt när det inte förekommer massdöd av drönare. En annan möjlighet är att placera svärmfångarkupor på passande ställen i närheten av bigården. Mer detaljer ges i Kapitel 8.

Brist på utrymme är en utlösande orsak till svärmning. Detta kan förhindras genom att i förhand utöka. Det här kände halmkupebiodlare till som kransade sina tyngsta kupor underifrån för att ge mer plats att växa neråt.[102] Detta är särskilt lätt att åstadkomma med vTBH genom att se till att det finns en låda extra undertill i god tid. Ingen veckorutin med inspektion behövs, vilken faktiskt kan utlösa en svärmning. Vi skall återkomma till svärmning i samband med utökning i Kapitel 8.

En tom låda nedtill eliminerar nästan helt störningen med artificiell fodring. En foderbehållare kan placeras på bottnen. Ingen värme släpps ut. Samhällena märker knappast ingreppet.

## Övervakning utan ingrepp

Biodlare som är vana att öppna sina kupor regelbundet kommer säkerligen finna följande bivänliga metod svår att anpassa sig till. Det skall villigt erkännas att det trots mina relativt få år med erfarenhet med rambiodling kan kännas frustrerande att inte öppna kuporna. Så vad finns det för alternativ?

Först och främst gäller det att ha samhällets historia i minnet. Datum för insättning och vikt, expansionshastighet, om den har svärmat etc. För det andra finns det omständigheter i omgivningen att lägga märke till: har vädret varit så dåligt efter insättningen att bina inte kunnat dra och är det kanske så att de behöver stödfodras? För det tredje kan man studera aktiviteten på flustret. Drar samhället i samma utsträckning som andra samhällen? Om trafiken är svag kan det ha kollapsat?

Ser inflygning med pollen riklig ut? Om inte kan en drottning saknas. Borde det finnas en där redan eller var det inte så länge sedan den svärmade? En massa information kan vinnas bara genom att studera aktiviteten på flustret. Är bina målmedvetna där eller vimsar de bara runt som om de letade efter något. Storch utmärkta bok om flusterfenomen är värd att läsa för mer kunskaper om detta.[103] (Finns som sista delen i *Diagnos vid Flustret* av Stefan Breitholtz)

Fig. 5:4: Vid Flustret (Der Bienenfreund 1863) Hans Thoma. Med vänligt tillstånd från Staatliche Kunsthalle, Karlsruhe

För det fjärde kan vi väga kupan för att få kontroll av förråden. Detta kan ske genom att bara lyfta en sida i taget eller genom att använda en enkel våg. (se Kapitel 9) För det femte kan man lyssna på samhället genom att lägga örat mot en låda. Kan man höra ett surr från en normal storlek på samhälle eller är det svagt? ”Tutar och utar” drottningar vilket indikerar att drottningbyte är på gång? Om man är bekymrad över drottningstatus kan man jämföra ljudet före och efter en lätt knackning med knogen. Hör man ett ”hiss” som försvinner efter en sekund eller ett utdraget jämmer eller klagande muller? Om man har svårt att uppfatta något ljud kan man använda ett stetoskop vid ingångsshålet som ökar ljudet avsevärt. För det sjätte kan man känna alldeles ovanför yngelklotet, över topplisterna i en hTBH och i botten av Quilt-isoleringen i en vTBH. Är det så varmt eller kallt som du kan förvänta dig? Slutligen har luftdraget i ingången en solig dag under de varma månaderna en underbar doft eller en obehaglig stank? Om det senare är fallet finns en långt gången yngelröta för handen. Under tiden nybörjare skaffar sig erfarenhet, vill de gärna ha ett fönster i varje låda. hTBH har dem ofta och i vTBH har de funnits i över hundra år.[104] Frèrès- Guillaumes version är ett exempel på detta.[105] Att sätta dit fönster är dock inte så hållbart eftersom är energikrävande vid tillverkningen och detta ökar dessutom komplexiteten. Det kräver också god isolering. Det finns ett enkelt alternativ till fönster för att se hur samhällets utveckling fortskrider: i vTBH kan man borra ett hål på 40 mm i vilket man kan lysa med en liten ficklampa. Hålet pluggas igen när det inte används

Fig. 5:5: Insikt genom fönstret på en Warrékupa

## Inspektera om det finns sjukdomar

Den mest iögonfallande kritiken av den ramlösa, lågintervenerande biodlingen med vTBH, som Warré-kupor, är att den gör inspektion av sjukdomar svår. Det hävdas att det nästan är en återgång till biodling med halmkupor.

I Storbritannien har lagar funnits sedan 1942 som ger myndigheter rätt att inspektera bisamhällen för yngelröta. Amerikansk yngelröta t.ex. har sedan 1942 sett en allmän minskning av förekomsten. De sjönk till 1,5 % i skötta samhällen under perioden 1952-54 och till 0,6 % under perioden 2002-04.[106] Förespråkare för statligt finansierad yngelkontroll hävdar att detta beror på den statliga kontrollen.

Föreskrifter för kontroll av sjukdomar och skadeinsekter från 2006 föregiver kontroll inte bara för yngelröta utan även tvingande anmälan av sjukdom. Det betyder att biodlare måste anmäla om de misstänker om de har en infekterad kupa. Detta ställer den låginterveneradeb biodlaren inför ett dilemma. Om yngelröta måste inspekteras genom att öppna kuporna och lyfta ut vaxkakor för inspektion, något som stör samhällets liv och värmehållning och orsakar stress, hur ska biodlarna göra för att samtidigt ta hänsyn till föreskrifterna och kunna fortsätta att hantera sina samhällen på det för bina mest bivänliga och hälsosamma sättet?

Det kan vara värt att titta på vad servicen med inspektion uppnår. Förekomsten var låg från början och minskade sedan med bara hälften. Smittbäraren *Paenibacillus larvae* förekommer alltid i subkliniska mängder.[107,108] De antas förekomma i mängder som inte går att mäta varken med de bakteriologiska- eller DNA- tekniker som används. Därför borde det vara rimligt att anta att de allra flesta samhällen hanterar sjukdomen med sina naturliga immun- och hygienprocesser både på individ- och samhällsnivå. Man kan utgå från att utrotning är helt omöjlig att genomföra. För att få förekomsten att ligga kvar på låg nivå och behålla den nuvarande anpassningen mellan bi och bakterie (co-adaption) är det nödvändigt att bina utsätts för dem till en viss grad. Om inte detta sker blir det inget selektivt tryck.

I genomsnitt under tio år har myndigheterna inspekterat åtminstone 25 000 skötta samhällen varje år.[109] Det är bara ungefär 10 % av alla kända bisamhällen.[110] Det finns också ett stort mörkertal av okända och vilda samhällen. Med dessa siffror kan vi dra slutsatsen att ett samhälle i genomsnitt har möjlighet att bli inspekterat vart tionde år. Å ena sidan är detta bra nyheter för den lågintervenerande biodlaren eftersom chansen att få sina vaxkakor skadade eller förstörda är väldigt låg. Å andra sidan lägger det ett stort ansvar på den enskilde biodlaren att övervaka tecken på yngelröta antingen genom tecken på kollaps eller när man tar bort lådor där yngel förekommit.

2009 ökade övervakningen något av samhällena till 15 % antagligen på grund av de höga siffrorna för dödligheten bland samhällena av olika anledningar.[111] Trots det är antalet inspekterade samhällen väldigt lågt. Myndigheterna balanserar helt klart den nuvarande förekomsten av yngelröta mot tillgängliga resurser och uppenbart inte ut efter något utredningsprogram.

Förutom det låga antalet inspektioner borde vi ta hänsyn till det sätt på vilket inspektionerna går till genom att öppna samhällena och granska de enskilda cellerna. Samhällen som befunnits infekterade förstörs. Detta förfaringssätt är som att stänga stalldörren när hästen har rymt.

Med moderna bakteriologiska- och DNA-tekniker kan smittspridare upptäckas vid tolerabla trösklar *innan* samhället har gått under. Räkning av smittade bin i vissa delar av kupan står i tydlig relation till förekomsten av yngelröta. Detta förfaringssätt har fördelen att minska antalet ingripanden vilka själva kan förorsaka nedkylning och sjukdom. Det skulle inte längre vara nödvändigt att inspektera enskilda vaxkakor. Istället skulle prov kunna tas på *Paenibacillus larvae* från honungsdelen av samhället och skickas för analys av kolonibildande enheter (CFU). Att undersöka bin i denna del av kupan har visat sig till 100 % överensstämma med förekomsten av sjukdomen.[112] Både vad gäller hTBH och vTBH skulle provtagning inte orsaka märkbar värmeförlust i yngelklotet. I en Warré-kupa skulle det räcka att dra tillbaka ett hörn av säckvävstäckningen och ta ett stickprov från skattlådan när bina kommer för att se varför det är ljust och varför värmen läcker ut.

Om den lokala inspektören emellertid är negativt inställd till naturliga vaxkakor finns alltid alternativet att låta dem inspekteras utan att inspektionsreglerna åsidosätts. I horisontella topplistkupor skulle det bara innebära att man höll efter tendenser till propolisbyggen. I Warré-kupor kan man använda halvramar, Delon-ramar, eller bara lösgöra vaxkakorna med en speciell vaxkniv t.ex. som den Bill Wood har designat. Dessa alternativ diskuteras i Kapitel 10.

Med det ökande intresset för att använda ”kupor avsedda för bin istället för kupor avsedda för biodlare” – för att citera Frank Chesters[113] - måste metoderna för sjukdomars inspektion förändras förr eller senare för att undvika skador på friska samhällen med naturliga vaxkakor.

## Oavsiktliga störningar

Vi behöver också ta upp störningar av andra än biodlare. Detta skall göras relativt kort eftersom det vanligen tas upp mycket bra av annan biodlings litteratur. Ingrepp från andra än biodlare som vandalism och stöld minskar naturligtvis den ekonomiska hållbarheten. Om vi kan, har vi våra kupor väl avskärmade från förbipasserande. Roger Delon som haft över 600 modifierade Warre-kupor, i Vosges/Jura regioner, var tvungen att sätta på hänglås och kedja fast dem fyra och fyra under gemensamma plåt tak med betongplintar som fundament.[114]

Det extra materialet och kostnaderna gick helt klart inte att undvika för att överhuvudtaget kunna ha någon biodling i området, men det känns knappast hållbart. Sådana försiktighetsåtgärder är dock inte orimliga. Den första Warré bigården i Tyskland blev helt förstörd, tydligen av andra biodlare.

Risken att djur stör samhällen, även förstör dem, varierar beroende på var bigården ligger. Lokal kännedom är därför nödvändig. Biodlare har alltid försökt skydda sina kupor från sådana störningar, även om det bara varit av ekonomisk hänsyn. Att skydda dem från husdjur är relativt enkelt. Listan på inkräktare som ger större utmaningar är ändlös: insekter som getingar, vaxmott och skalbaggar; gnagare som möss; fåglar som hackspettar; rovdjur som björnar. Lösningar kan vara insektsfällor, staket, skyddsnät, att sätta kupan på en plattform som bara är åtkomlig med stege, hänga dem i träd, ha dem i en byggnad. En enkel skunkfälla visas i fig. 10.5. Ju mer arbetskrävande ett skydd är desto mindre hållbart är hela företaget. Man kan komma till en punkt där extra material som måste användas i ett visst område gör det hela miljömässigt oförsvarbart. Det är intressant att logotypen för *Bees for Development* är en Kenyansk topplistkupa som hänger i ett träd.[115] Kan det bli enklare?

Till sist, starka vibrationer är en störningsfaktor som är värd att nämna. Passerande truckar eller tåg skakar marken. Även trummandet från regn eller hagel på platta plåttak har orsakat skada. Sådana tak transporterar vibrationerna mer än tak gjorda enbart av trä. Om det händer på vintern kan det lösgöra klustret och riskera ökad foderåtgång.

## Afrikanska bin som rymmer

Även om Warré kupan endast i mindre omfattning har prövats på afrikaniserde bin verkar det som den fungerar bra åtminstone i Brasilien. När det gäller binas behov av avskildhet är det intressant att se hur det är med afrikanska bin d.v.s. *Apis melifera adansonii,* vilka gärna sticker iväg om de blir störda. Det finns inga rapporter ännu från försök med vTBH i Afrika men man kan förutsäga att de måste minska sannolikheten för flykt. Först och främst finns det extra utrymme nertill och lämnar yngellådan ostörd under processen. För det andra görs skattningen när bina har förflyttat sig neråt från de lådor som skall skattas. Men precis de svårigheter som gäller om hTBH inte hänger horisontellt uppstår om vTBH inte hänger vertikalt.

# 6. NÄRING

## Drag

Biodlare är väl medvetna om att de bör ställa sina kupor där nektar- och pollentillgången inom flygavstånd är tillräcklig. I en studie var median draget 1,7 km från kupan och 95 % av draget var inom 6 km[116], men upp till 14 km har rapporterats.[117] Nyttan avtar betydligt när avståndet ökar. Att ha överblick då och då över vilka dragmöjligheter som finns och vart bina flyger kan vara klokt. Det kan vara till hjälp när man skall avgöra hur många kupor ett område tål.

Tillgång på näring under hela säsongen beror på antalet dragväxter och hur utsträckta deras blomning är i tid. Men i våra kulturlandskap är mångfalden och mängden allvarligt hotad på grund av herbicider och extremt utnyttjande av fältkanter, diken och där det tidigare fanns häckar och buskridåer. Detta påverkar bin lika mycket som andra arter som lever av blommor. I min egen trakt som domineras av betesmark har bina ett överskott av klöver. Visserligen besås fälten ibland med olika klöverblandningar men bönderna lyckas nästan utrota dem i sitt krig mot skräppor. Dessutom verkar kommersiella klöversorter inte attrahera bina lika mycket som vilda sorter.

Bina behöver uppenbart en viss mängd nektar och pollen. Pollenbehovet kan vara så stort som 25 kg per säsong.[118] Inte lika tydligt är det att de behöver en mängd olika sorters pollen för sin hälsa. Mångfalden på verkar binas immunförsvar.[119] Pollen varierar kraftigt i kvalitet särskilt vad gäller aminosyrors sammansättning i deras protein. Pollen varierar i sin förmåga att tillgodose hämmande antibiotiska ämnen för bakterier/mögel[120] som vissa feta syror.[121] Brist på mångfald av pollen minskar samhällenas antimikrobiella försvar och de blir mer mottagliga för sjukdomar. En variation av pollen tillåter ett slags pollen att balansera en brist hos ett annat slag t.ex. för låg proteinhalt eller fetthalt eller för högt mineral innehåll.[122] Men bina är specialister på att samla in pollen och jämna ut skillnader.[123]

Jämfört med pollen är mångfald av nektar inte kvalitativt lika viktig ur näringssynpunkt, däremot är mångfalden viktig för att få jämn tillgång under hela säsongen. Bina föredrar också nektar om den finns tillgänglig, hellre än att gräva i sina honungsförråd.

Det är vanligen inte praktiskt genomförbart för biodlare att i någon större utsträckning kompensera för brist på mångfald genom att så eller plantera, eftersom de vanligen inte har tillräckligt med mark för att göra någon skillnad. Vi kan göra en viss skillnad genom att plantera passande örtartade växter, buskar och träd; vi kan påverka jordbruket att ta hänsyn till mångfald och bara köpa produkter från sådana jordbruk; vi kan uppmuntra markägare i grannskapet att så lämpliga växter tex när vi ger/säljer honungen vi producerar. En granne till en av mina bigårdar gläder sig åt det stora antalet honungsbin som besöker hans pryndasljung och sumpört. Eftersom binas besvärliga situation förekommer så ofta i media är tiden mogen att öka medvetenheten om bristen på biväxter.

En mer svårfångad fråga beträffande dragväxter är om bin i en region verkligen är anpassade för just den regionen, vilket Rudolf Steiner ifrågasatte i en serie föredrag 1923.[124] Jag kan inte anföra några iakttagelser som stöder påståendet men det kan vara värt att ta hänsyn till. Jag kan föreställa mig att bin kan vara anpassade till växtgifter och ämnen som stör näringsupptaget i en region men inte i en annan. Många biodlare anser att det finns många fördelar med bin som är lokalt anpassade.

*The Bee Improvment and Bee Breaders Association* (BIBBA) försöker identifiera och bevara det inhemska biet i Britannien och Irland.[125] Vad som gäller här är i första hand anpassning till klimat och årstidernas tillgång på dragväxter och i andra hand regionens flora. Vad gäller anpassning till flora är det viktigt att ta hänsyn till att bin som är anpassade till en region kan utsättas för stress om de flyttas till en annan region med ett årligt spektrum av drag som de inte är vana vid. Både att köpa samhällen långt bort ifrån och långdistans förflyttningar, vandringsbiodling som vid pollinering av vissa växter, är exempel på vad som kan orsaka sådan stress.

## Antalet bisamhällen i ett område

Hur många kupor bör en bigård ha? Att ha för många i förhållande till dragförekomsten stressar bina och påverkar deras hälsa. Konkurrens med vilda samhällen kan förvärra situationen. Maximal täthet av vilda bisamhällen i ett område utan skötta bin har funnits vara mellan 7 och 12 samhällen per kvadratkilometer, även om särskilt gynnade områden kan hysa betydligt fler. Så många som 7 till 12 samhällen kan bero på att den minimala smittspridning som förekommer mellan vilda bisamhällen.[126] Så lite som ett samhälle per kvadratkilometer har konstaterats bland vilda bin som håller till i skogsområden i USA[127] där bina är samanpassade med Varroa.

I Australien, där Varroa hittills inte förekommer, har en studie konstaterat en variation mellan 0,1 till 77 vilda samhällen i landskap med alltifrån hedlandskap till rapsodlingar.[128] Samma studie påpekade att med en dragradie på 2 km motsvarar 100 samhällen i en bigård mindre än 10 samhällen per kvadratkilometer. I Europa fann man en täthet på 5-6 samhällen med hjälp av genetiska tekniker.[129] Detta motsvarar antingen mot 72 samhällen samlade i en bigård eller med inga andra samhällen inom en radie på 2 km, enskilda kupor utplacerade med 400 meters mellanrum.

Det har visat sig att naturlig kontroll av trakén (Acarapis wood) är beroende av bra dragförhållande och liten konkurrens mellan samhällen d.v.s. låg täthet. Smittspridning sammanfaller med hög förekomst.[130]

Förmodligen skulle ytterst få biodlare acceptera en så låg förekomst som 0,01 per ha särskilt om det innebär en kilometer mellan kuporna. Så en kompromiss görs vanligen. Mina kupor som står i fyra bigårdar ganska nära varandra motsvarar 1,6 per kvadratkilometer räknat med en genomsnittlig dragradie på 1,7 km och med en annan biodlare 2 km bort.

Fig. 6:1: Bigård med 3 Warré kupor

Fig. 6:2: Last med lådor att sätta under och en lift.

Att bedöma exakt hur många samhällen ett område kan tåla blir vanligen en något subjektiv procedur som inbegriper uppskattning av dragens kvalitet och kvantitet liksom konkurrens från andra kända samhällen, skötta eller vilda. Men utan en sådan organiserad bedömning hjälper säkerligen erfarenheter från tidigare biodlare. Målet är att inte överexploatera eftersom sjukdomar är direkt proportionerliga mot samhällenas täthet, precis som i all djurskötsel.

Låt oss uppmuntra extensiv, d.v.s. låg intensiv biodling utförd av ett större antal biodlare, vilket senare möjliggörs av mycket enklare och billigare utrustning som fodrar färre ingrepp i samhällena. Toplistkupor, särskilt Warré-kupor med det minimala antalet ingrepp de kräver gör ökning av antalet småskaliga biodlare möjlig.

Biodlare har ofta mer eller mindre fasta bigårdar en bit iväg eller flyttar sina kupor, för att undvika överetablering. De kan göra detta delvis för att undvika konstgjord fodring eftersom vissa områden har dåliga dragförhållanden periodvis medan andra områden kan ha överflödigt drag, som t.ex. ljung. Andra orsaker kan vara pollineringstjänster, eller för att få stora skördar av någon särskild sorts nektar. Vilka orsakerna än är, kräver de transporter som förbrukar fossilt bränsle.

Vandringsbiodling i den utsträckning den bedrivs idag är beroende av motorfordon och relativt billigt fossilt bränsle. För den biodlare som vill arbeta hållbart finns svårigheten att hitta var balansen ligger mellan förbrukning av fossilt bränsle och undvikandet av artificiell fodring. T.ex. vid val mellan fasta bigårdar eller tillfälliga bigårdar nära säsongsbundna nektarförekomster.

Jag har valt att lägga mina bigårdar inom rimligt cykelavstånd och transporterar utrustningen med en cykelkärra (fig. 6:2) det skulle ta bort hela nöjet av min hobby att använda min bil.

En för del med Warré-biodling är att det bara kräver besök två gånger per år. Det skulle kunna minimera transportkostnaderna och därmed hållbarheten i en biodling.

## Fodring

Bör en biodlare, som strävar efter att vara bivänlig och hållbar, fodra sina bin? I idealfallet är svaret nej. Vanligen förväntar vi oss att bina föder oss, inte vi dem. Det finns emellertid nödsituationer som när ett samhälle råkar i knipa utan egen förskyllan, som nedärvd genetisk svaghet eller drottningförlust. Det kan vara orsakat av en lång tid med dåligt väder eller genom åtgärder som biodlaren gjort, t.ex. konstgjord svärmning för att öka antalet samhällen. Det är då tillfällen som kan rättfärdiga fodring.

Men behovet av rutinmässig fodring, som vinterfodring, kan nästan alltid undvikas genom att lämna tillräckligt med honung. Biodlaren tar bara överskottet, vilket det under vissa år kanske inte blir. Detta kan man tycka är en uppoffring, men den kan minimeras genom att använda en kupa i vilken bina övervintrar värmeekonomiskt. Under första halvan av förra seklet i norra Frankrike lade Warré märke till att hans ”Folkets kupa” bara behövde 12 kg honung medan Dadantkuporna behövde 18 kg.[131] Denna skillnad har sedan bekräftats av andra.[132] Den bättre värmehållningen i Warré kuporna är orsaken till skillnaden. Jag har haft

Warré kupor som övervintrat på 4 kg och som sedan kunnat bygga upp sig till svärmstyrka följande vår.

Vad man skall fodra bina med är en ständigt återkommande fråga bland biodlare. Det hållbara alternativet är att inte fodra socker, allra minst majssirap med högt fruktosinnehåll. Dessa är vanligen produkter från intensiva monokulturer som processats i kemiska raffinaderier innan de transporterats lång sträckor. Energiförbrukningen och miljöförstöringen de orsakar gör att deras användning inte kan rättfärdigas. Att fodra regelbundet med socker innebär inköp, extra utrustning, tillredning, distribution och rengöring – vilket allt ökar komplexiteten, kostnader och arbetsinsatser. Om socker måste användas borde det vara ekologiskt kristalliserat och raffinerat socker. Om man använder socker gjort på betor eller sockerrör beror på dess relativa ekonomiska- sociala- och miljömässiga konsekvenser. Tillverkare som stöder ekologiskt hållbara livsmedel bör anlitas.

Att fodra med socker kan få konsekvenser för binas förmåga att bekämpa sjukdomar, vilket har klarlagts med experiment på populationer av mjölksyrebakterier i biyngels tarmsystem.[133] Tarmarna innehåller ett spectrum av sådana bakterier vilka helt kan förhindra tillväxten av amerikansk yngelröta *(Paenibacillus larvae)*. Utfodring med socker har befunnits reducera antalet mjölksyrebakterier.[134,135] Förmodligen finns det andra mindre påtagliga konsekvenser som gör att fördelarna med snabb utfodring inte överväger nackdelarna.

Om man inte fordrar med socker återstår bara honung. Det är ett naturligt val. En hållbar biodling samlar tillräckligt med vaxkakor eller utvunnen honung från den egna bigården för att klara nödfodring. Livscykelanalyser visar att honung är det hållbara och etiska sötningsmedlet.[136] En kompromiss skulle vara att fordra med en socker- och honungsblandning. Enligt Demeter (biodynamiska) rekommendationer får kamomillté och lite salt tillsättas.[137]

Två invändningar dyker emellertid genast upp när man talar om fodring med honung. En är, att när man använder honung kan den innehålla tillräckligt många sporer från amerikansk yngelröta så att sjukdomen bryter ut, även om honungen kommer från den egna bigården. Denna invändning bygger på teorin om att mikroorganismer orsakar sjukdom. I nästa kapitel hävdar jag att även om de är en nödvändig orsak till sjukdom så ar den inte tillräcklig. En klok försiktighetsåtgärd är ändå att inte utfordra honung från smittat samhälle, även när det gäller Nosema. Mängden mikroorganismer kan ligga långt över det mottagande samhällets försvarskapacitet, särskilt som det redan är stressat eftersom det måste utfordras på artificiellt sätt.

Den andra invändningen mot fordring med honung är att socker ger bättre övervintring, särskilt när den har relativt högt PH-värde, mineral- vatten-eller proteinhalt t.ex. honungsdagg eller ljunghonung. Men det beror egentligen på hur väl anpassade bina är till de lokala förhållandena. Ett mindre driftigt bi importerat södern skulle säkerligen hellre föredra vinterförråd importerat från södern i form av socker. I Nordamerika, över den femtionde breddgraden, övervintrar bina i över sex månader eftersom säsongen är så kort.

Liknande argument som ovanstående gäller valet mellan pollen och pollensubstitut. Om pollen förekomsterna är låga och ensidiga är det frågan om området är lämpligt för en hållbar biodling.

En bigård bör skötas så att den klarar sig på bara nektar och pollen. Den kan utnyttja ängsmark, betesmark, skogsområden, dikesrenar, trädgårdar och grödor som behöver pollinering. Den kräver ingen särskild mark för att enbart producera foder till bin, minst av allt kräver den någon form av monokultur för att producera socker.

# 7. SJUKDOMAR OCH SKADEDJUR

Så här långt har vi diskuterat åtgärder för att göra binas levnadsförhållanden så bra som möjligt: ändamålsenliga skydd; naturliga vaxkakor och hur de förnyas; avskildhet; passande foder av rätt kvalitet; kupornas inbördes avstånd. Trots våra ansträngningar att skapa de bästa möjliga förhållanden för våra bin, finns det ytterligare en faktor som ofta kräver ingripanden för att de skall trivas. Det gäller stressen från sjukdomar och skadedjur. Å ena sidan kan vi betrakta dem som något som ger ett naturligt sunt urval som håller den biras vi använder i god form, men å andra sidan finns det mer eller mindre vanliga omständigheter som bina inte klarar och som gör att vi måste ingripa. I det här kapitlet har jag valt ut några mer allvarliga hot som exempel på hur en mer hållbar attityd kan se ut, istället för att ta med en heltäckande genomgång av alla möjliga sjukdomar och skadedjur vilket lätt skulle kunna fylla mer än en tredjedel av en bok i praktisk biodling.[138] Det gäller även i handböcker i naturlig biodling. Jag behandlar också kort pesticider, som i över 70 år[139] har drabbat biodling, särskilt i jordbruk och trädgårdsnäring.

## Varroa

*Varroa destructor* har den största ekonomiska betydelsen bland sjukdomar och skadedjur, större än yngelröta och Nosema, åtminstone i Storbritannien. Som tidigare nämndes så är det många biodlare som inte tilltalas av att hålla extremt stora avstånd mellan kuporna. Istället försöker de göra livet svårt för Varroa inne i kuporna. Ett sätt de använder är att använda kemiska medel. För den ekologiske biodlaren kan de värderas i denna ordningsföljd: syntetiska pyretroider, tymol, organiska syror, pudersocker, där den sistnämnda är det mest acceptabla.

Det finns två huvudsakliga skäl till varför man inte skall använda syntetiska medel. Det första är den direkta effekten den har på bina

själva genom att de måste avgifta sig eller på annat sätt förhålla sig till dem i sin ämnesomsättning. Forskare har haft svårt att hitta färdigpräglade vaxkakor som inte innehåller arkaricider.[140],[141] Dessa är de medel för Varroakontroll som är störst i vikt räknat. Inga tillverkare av vaxkakor som jag kontaktat har kontrollerat förekomst av dessa medel. Toxikologin talar om den potentiella hälsorisken redan från små rester av ämnen som härstammar från tillverkade produkter inklusive plaster och ytbehandlingar. Genom avdunstning eller upplösning utgör dessa ämnen en fara för levande organismer ofta i det fördolda. Vi bör hålla dem borta från våra kupor och när helst det är möjligt använda material som levande organismer under lång tid kunnat anpassa sig till, nämligen naturliga material. För att undvika att kemiska ämnen förs in i kuporna genom färdigpräglade vaxkakor bör de vara hemma gjorda eller komma från en ren källa, t.ex. Demeter certifierade. Sådant vax kräver ett högre pris eftersom det efterfrågas av tillverkare av kosmetika på grund av sina låga halter av rester.[142]
Det andra huvudsakliga skälet är den skada de har på människors hälsa via honungen, tex 3-phenoxybenzaldehyd, en nedbrytningsrest från arkariciden taufluvalinate.[143] Andra skäl är den ökade arbetsinsats och komplexitet användningen innebär; det ökade ekologiska fotavtrycket genom alla kemiska medel som behöver tillverkas genom processer som vanligen producerar långt större mängder rester än själva medlet som tillverkas; kostnadsökningen av honungsproduktionen särskilt om patenterade akaricider används.

I vilken utsträckning kan vi klara oss utan akaricider? Ett sätt som nämndes i kapitel 4 är att använda färdigpräglade vaxkakor. I bivänlig biodling använder vi oss emellertid inte av dessa. Att damma in bina med pudersocker är vanligt. Det har emellertid visat sig vara ineffektivt av en grupp som använde 120 g socker varje vecka i 11 månader.[144] Kanske var frekvensen för låg men även vid de här intervallen är det ett allvarligt ingrepp i samhällenas liv, eftersom det medför upprepade öppningar av yngelrummet vilket bör undvikas av skäl som tidigare anförts.

Några samhällen i ramkupor, som startades med traditionella mellanväggar, har överlevt mellan sju och tio år utan kemisk behandling.[145,146,147] I en studie över sjutton år sjönk svärmnings- och överlevnadsfrekvensen till en början efter det att Varroa kom, men återgick så småningom till normala värden.[148] Förutom dessa exempel finns det ett ökande antal icke vetenskapliga berättelser från biodlare, några med flera hundra samhällen i regioner där Varroa funnits i några årtionden, som hävdar att samhällen överlever, särskilt om de varit utsatta för minimala ingripanden för övrigt. Även vilda/ förvildade honungsbi samhällen har återhämtat sig eller håller på att återhämtar sig i vissa områden.[149] Detta har tillskrivits Varroans allt lägre aggressivitet när bin och Varroa har co-evolverat[150] liksom till det naturliga urval mot resistens hos bin och inkorsning av sådant genetiskt material.[151] Vilken orsaken än är, är det uppmuntrande för dem som önskar undvika sådan behandling.

En annan faktor som nämnts beträffande förvildade bins återhämtning är avbrottet i yngelproduktionen vid naturlig svärmning. Detta kan ge oss en nyckel till framtida strategi för icke kemisk behandling av Varroa. Franska yrkesbiodlare med Warrékupor har funnit att konstgjord svärmning har gett tillfredställande kontroll.[152] Vid huvuddraget och ihållande varmt väder förs alla hemmavarande bin över till en ny kupa. Ynglet lämnas på den gamla kupans plats och den nya kupan flyttas till en annan bigård utom flyghåll. Återvändande dragbin tar hand om ynglet och drar upp en ny drottning. Äggläggning och därmed Varroans reproduktion avbryts i båda kuporna. Nackdelen med denna metod är att den inte är den mest naturliga ur binas synvinkel - konstgjord svärmning kombinerad med skapandet av nöddrottningar. Vi kommer att diskutera detta mer i detalj i samband med uppfödning och utökning i nästa kapitel.

Huruvida framavling av Varroatoleranta bin är en framkomlig väg med hänsyn till all övervakning och bevarande av renheten i aveln som krävs återstår att se.[153]

För att komma ur ekorrhjulet med Varroabehandlingar på lång sikt, måste bin och Varroa co-evolvera och detta innebär en kvalsterpopulation som är tillräckligt stor ur kvalstrens synvinkel och tillräckligt liten ur binas synvinkel. Biodlare i åtskilliga länder, även enstaka yrkesbiodlare,[154] har samhällen som är på mycket god väg att lyckas, men deras förluster skulle vara oacceptabla för andra. Jag tror dock att detta är den enda hållbara lösningen på Varroaproblematiken.

Fig. 7:1: Naturligt vaxbygge i åttkantig Warré låd. Foto:Diedrich Vageler

Om kemikalier måste användas bara för att hålla samhällen vid liv, till exempel hos biodlare med bara en eller två kupor och för vilka förlust skulle vara katastrof, samtidigt som co-evolution skall gynnas, då måste behandlingen vara en del av en rigorös behandlingsplan, d.v.s. ständig mätning av frekvens och bara när det är absolut nödvändigt, dessutom vid absolut rätt tidpunkt. En del biodlare klarar sig med behandling vartannat år. De organiska syrorna är att föredra p.g.a. de låga resthalter de lämnar i kuporna. Eteriska oljor som thymol är inte så lämpliga då de lämnar rester i vaxet. Vi får emellertid inte glömma att all inblandning i binas favör gentemot kvalstren bara skjuter upp problemet.

Europeisk biodling har ännu inte behövt bekymra sig med utmaningen från SHB (small hive beetle). Det tycks som om starka samhällen med få skrymslen att gömma sig i klarar sig bäst. Topplistkupor med sina naturligt byggda vaxkakor kan visa sig vara lämpliga med hänsyn till dessa.

## Mikroorganismer

Vi tog upp Varroa först eftersom problemet med dem har den största ekonomiska betydelsen, åtminstone i Europa. Näst allvarligast är yngelröta och dysenteri, den senare innebär vanligen *Nosema apis* eller *cerana*. Båda associeras med de mikroorganismer som vi kallar smittbärande, vilket innebär att de är orsaken till sjukdomen. Detta kan visserligen vara sant ur någon aspekt. Men motsatt finns åsikten att vi genom våra metoder skapar förutsättningarna för sjukdom t.ex. genom intensiva åtgärder, ofta förekommande öppningar av kupan. Då kan mikroorganismer, som vanligen förekommer allmänt i små mängder,[155] finna förutsättningar som gynnar deras tillväxt. Att *Paenibacillus larvae,* amerikansk yngelröta förekommer allmänt i bisamhällen, särskilt i skötta kupor, har påvisats genom studier i åtskilliga länder.[156] Om de rätta förutsättningarna föreligger kommer de snabbt att föröka sig. De blir ett symptom på sjukdomsprocessen. Endast hyperkänsliga metoder för upptäckt skulle funnit dem i förväg, nu finns synliga förändringar i samhällets vitalitet.

Den hämmande inverkan av mjölksyrebakterier på *P. larvae* är bara ett exempel på godartade mikroorganismers roll i bisamhällena. Hela sammanhanget är sannolikt mycket komplext. Friska bin och deras föda har befunnits innehålla tusentals mikroorganismer inklusive bakterier, svampar och jäsmedel.[157] De har co-evolverat med bina i tusentals år och deras förekomst i rätta proportioner har förmodligen skadats genom införandet av antibiotika och akaricider i samhällena t.ex. organiska syror och thymol. Dessa kemikaliers giftverkan på bin har visserligen studerats, men deras mer subtila påverkan, via skadorna på godartade mikroorganismer, har fått mindre uppmärksamhet.

Genom slutförandet av genomsekvensering har det framkommit att bin har betydligt lägre antal immunitetsvägar och sålunda lägre grad av flexibilitet än andra insekter.[158] Detta kompenseras emellertid av sociala beteenden för att bemästra sjukdomar. Spridning av propolis runt om i hela kupan, även på vaxkakor och i celler, är ett exempel på beteende som hjälper till att skapa miljömässiga barriärer mot sjukdom. Propolis har befunnits minska förekomsten av immunrelaterade gener och lägre bakteriell förekomst i samhällen.[159] Det kan också finnas andra artspecifika beteenden som ingår i samhällenas ”sociala immunitet”.

I kupans mikromiljö har man funnit myrsyra och ättiksyra.[160] Båda dessa ämnen är kända att hämma tillväxt av mikroorganismer. Är det så att de också ingår i den ”sociala immuniteten” liksom propolis? Om det är så ger det stöd åt Johann Thürs hypotes om *Nestwärmebindung (kupvärmelukt)* – bibehållandet av lukt och värme – vilka han föreställer sig blir bäst bevarade om bina tillåts bygga egna vaxkakor utan ramar.

För att bina skall kunna klara av utmaningar från mikroorganismer med sina egna försvarsmekanismer, försöker hållbar biodling skapa för bina lämpliga villkor i kuporna. I början av det här kapitlet listades ett antal tydliga områden som man kan optimera. En åtgärd som inte nämndes där är den naturliga svärmningens roll när det gäller kontroll av sjukdomar. Yngelröta kan betraktas som naturens sätt slå ut svaga samhällen och amerikansk yngelröta är ett undantag bland binas sjukdomar som är särskilt aggressivt. Under naturliga omständigheter är vertikal överföring av smittbärare via svärmar den viktigaste vägen för nedsmittning av nya samhällen.[161] Teorin hävdar att vertikal överföring vanligen borde selektera för relativt godartade smittbärare. Biodlingens metoder förstärker emellertid varandra när det gäller smitta. De gynnar horisontell överföring genom tät placering av kupor som provocerar röveri, genom att flytta bin och verktyg mellan samhällen. Samtidigt kontrollerar biodlare svärmningen vilket eliminerar en viktig mekanism för att evolvera låg aggressivitet, nämligen vertikal överföring. Det kan därför inte sägas vara en överdrift att säga att yngelröta är ett problem skapat av biodlarna själva. Detta faktum kan delvis vara en orsak till att skötta samhällen har högre förekomst av yngelröta än vilda bisamhällen.[162]

Om sjukdom visar sig, trots våra ansträngningar, gallrar vi ut de hopplösa fallen; vi skakar ner de fall som förtjänar det i en ren kupa, t.ex. samhällen med europeisk yngelröta; och om det är en mindre åkomma låter vi samhället klara ut det hela på egen hand. I de extrema fall där utgallring inneburit att vi eldat upp kupan är den ekonomiska förlusten mycket lägre om det är en topplistkupa än om det är en ramkupa med vaxmellanväggar. Framförallt har vi inte sjuka samhällen som vi stöder med antibiotika.

## Pesticider

Litteratur om biodling som publicerats så sent som på 40-talet, nämner inte ens den skadliga inverkan jordbrukets- och trädgårdsnäringens pesticider har på bin. Med den ökade användningen kemikalier efter andra världskriget har problemet blivit allt värre. De senaste åren har de allvarligaste fallen varit storskaliga akuta förgiftningar av bin i Europa med neonikotinider. Men det är välbekant att den kroniska giftbelastningen är en av de faktorer som bidragit till CCD i den kommersiella biodlingen, särskilt i USA.[163] Eftersom bina måste uthärda subakut förgiftning eller cocktails av gifter, är de under ständig stress. När ytterligare en stressfaktor finns för handen som t.ex. någon smittbärare, är sannolikheten större att ett samhälle går under. Bevis för sådan samverkan har kommit i dagen då det gäller neonikotiniden imidacloprid och smittbäraren Nosema. En färsk rapport visar att de två faktorerna verkar synergistiskt. Förekomsten av glukosoxidasensymet, som hjälper bina att sterilisera yngelfodret, minskar när båda dessa faktorer samverkar.[164]

De flesta biodlare kan inte placera sina bigårdar tillräckligt långt ifrån mark där pesticider används, särskilt som dragbin kan flyga så långt som 14 km från sin kupa.[165] Istället kan de försöka få bra relationer med lokala bönder som odlar grödor som man vet behandlas med pesticider, så att de kan bli varnade i tid. Eller kan de fortsätta lobba för bättre kontroll på sorterna och deras användning vad beträffar verkan på honungsbin; bojkotta livsmedel som tillverkas med användning av pesticider; genom att köpa certifierade ekologiska produkter. Den långsiktiga sammanlagda effekten av sådan ekonomisk påverkan kan så småningom resultera i en minskning av pesticidernas användning.

# 8. AVEL OCH UTÖKNING

När det gäller den hållbara biodlingens ekonomiska aspekter, tänker vi vanligtvis på honung och vax, men vi får inte glömma dess betydelse för hela samhället vad gäller pollinering och fritidssysselsättning. Det är intressant att notera det ökade intresset för biodlingens samhällsnytta, inte bara i media utan även genom den brittiska regeringens undersökning av biodlare 2008. Bland annat var den intresserad av att få reda på hur många biodlare som inte skulle ersätta de bikupor som de förlorat genom sjukdomar och skadedjur.[166]

Att det har varit större förluster än vanligt i många länder de senaste åren är det ingen tvekan om. Den genomsnittliga överlevnaden bland bisamhällen i USA vintern 2007/2008 uppskattas till 64 %, något högre i UK. Alla möjliga sorters orsaker har lagts fram, även biodlingens metoder, t.ex. transporterna av tusentals bisamhällen från stat till stat, vilket varken kan kallas bivänligt eller miljömässigt hållbart. Men en central aspekt av biodlingens metoder har sällan kommit att skärskådas, nämligen aveln. I kapitel 4 i samband med diskussionen om nyttan av att ha en genetisk bredd bland drönare och behovet att undvika drönarbortskärning, diskuterade jag vikten av genetisk mångfald för samhällenas homeostas och hälsa. Nedan ska vi undersöka hur drottningar föds upp och samhällenas antal ökas.

## Artificiell drottning odling

I en serie föredrag om bin 1923 varnade Rudolf Steiner för de problem som artificiell drottningodling skulle medföra så småningom. Han förutsåg att biodlingen skulle hamna i stora svårigheter inom 80 till 100 år.[167] En biodlare som var närvarande vid föredragen hade frågat om drottningodlingen och fick förklaringen att effekterna inte skulle visa sig meddetsamma.

Steiner hänvisade på något mer subtilt, nämligen de krafter i kupan som hittills hade varit organiska nu hade blivit mekaniserade. Han påstod att det intima sambandet mellan samhället och drottningen som uppstår naturligt inte kan uppnås med en drottning som kommer utifrån. Drottningodlare och deras kunder som är vana vid stora honungsskördar kommer utan tvekan att betrakta detta påstående som absurt. Men kan det ligga någonting i detta?

Den tidigare nämnda siffran 64% vinteröverlevnad är bara så hög på grund av att samhällena understötts av medicinering och fodring med importerat socker. Om man tar bort detta understöd, hur skulle överlevnaden se ut? Siffrorna är även genomsnittliga.

En del yrkesbiodlare hade förluster på 90 % eller mer.[168] Steiner var inte ensam om att varna för att artificiell drottningodling gav underlägsna samhällen. Hans nära samtida Émile Warré, en biodlare med egen erfarenhet av drottningodling, skrev: artificiell uppfödning som praktiseras i den intensiva biodlingen ger bara mediokra och underlägsna drottningar. Bina gynnas inte av detta i längden. Till slut kommer folk att bara få svaga bin, svaga arbetsbin, oförmögna att motstå sjukdomar, framförallt yngelröta.[169]

Dessa synpunkter på drottningodlingen skall naturligtvis inte överbetonas, men de tycks vara värda att hålla i minnet som aspekter på binas hälsa, särskilt som stora offentliga medel används för att ta reda på varför samhällen dör ut. Så låt oss granska detta mer detaljerat och liksom den ”mekanisering” i uppfödningen som Steiner talar om.

Mekaniseringen ökar alltmer, allt från drottningar som dragits upp i den naturliga svärmningsprocessen; till avläggare som gjorts utan att svärmningsimpulsen har funnits; till modern drottningodling med omlarvning etc; till artificiella insemination; och slutligen recombinant DNA teknologi, vilket har föreslagits för att skapa drottningar som själva kan producera sjukdomsresistenta samhällen.

Fig. 8:1: Omlarvning

Fig. 8:2 Ram med drottningceller Foton: Tom Glenn

Det föreligger en klar skillnad mellan en normal drottning vars larv från början är uppdragen i stora mängder drottninggelé i en särskilt tillverkad rund dom som hänger vertiklat, och en nöddrottning som från början dras upp i en nästan horisontell sexkantig cell från ett ägg eller larv som från början var avsett bli ett arbetsbi.

Biodlare har länge känt till att samhällen ofta ersätter sådana nöddrottningar med normala. De två slagen av drottningar kan förefalla likadana men bina kan märka skillnaden. Alla kommersiellt uppdragna drottningar är nöddrottningar, uppdragna i plastceller, dock runda. Alternativt kan de ha dragits upp i en plastbur monterad på en vaxkaka i samhället så att drottningen bara haft en rad cellkoppar i plast att lägga i. Dessa cellkoppar förs sedan över till plasthållare i det normala vertikala läget och sedan placeras de i ett drottninglöst samhälle.

För att sätta in en drottning som dragits upp på ovanstående sätt måste samhället föras till desperationens gräns för att ta emot henne. Och när hon väl satts in, är det vanligt att hon ersätts av en som samhället dragit upp självt, en med en "intim relation" som Steiner ansåg ha en chans att utvecklas riktigt.

De fysiska förutsättningarna för en intim relation mellan drottning och samhälle må vara högst komplex, men en tydlig faktor är drottningens substans. Forskningen om detta ämne är förmodligen i sin linda, men det har länge varit klart att den är intimt förknippad med samhällets hälsa och organisation. Den kontrollerar arbetsbinas beteende, fortplantning, draglust, uppdragning av nya drottningar och svärmning. Mångfalden av dessa effekter är delvis relaterat till omgivningen, delvis till dess komplexa sammansättning. I drottningsubstansen, särskilt drottningens QRP feromoner från hennes käkar, har 9 olika kemikalier hittats och det finns indikationer på att det finns fler att upptäcka.[170]

Eftersom 170 doft receptorer har upptäckts hos bin, är det inte osannolikt att kemin i den intima relationen mellan drottning och bin kommer att visa sig vara ännu mer komplex. Arbetet fortgår i flera laboratorier att reda ut detta ända ner till molekylär nivå. Det viktiga för våra diskussioner är upptäckten att "produktionen av feromoner är ytterst känslig för faktorer som har med reproduktion och befruktning att göra" [171] När man jämförde naturligt parade drottningar med de som var artificiellt inseminerade, fann man att de först nämnda visade den största aktiviteten i äggstockarna och den mest tydliga kemiska QPR profilen.[172] Mångfaldigt parade drottningar är mer attraktiva för arbetsbin.[173] Denna attraktion är en del av den intima relationen dem emellan.

I ljuset av dessa upptäckter kan vi med rätta ställa frågan: är kemin i feromonreceptorerna och arbetsbinas beteenden som svar, något vi bara kan förlita oss på sker meddetsamma genom att sätta in en drottning eller tar det tid för olika sorters arbetsbin att anpassa sina beteenden till det nya spektrum av feromoner som nu finns? Om det senare är fallet, då är samhällets långvariga samvaro med den växande drottningen väsentlig för en fullvärdig intim relation. Detta betyder att det inte är försvarbart att dra upp drottningar i parningskupor i kommersiella avelsstationer och skicka dem över hela jordklotet.

Artificiell drottningavel anses som ett av de skadligaste bidragen till förlusten av genetisk mångfald hos honungsbina över hela världen.[174] T.ex. har yrkesodlarna avkommor från så få som 500 avelsdrottningar. Dessutom har det funnits en tendens hos biodlare och uppfödare att i Europa favorisera ett begränsat val av underarter, t.ex. *Apis mellifera Carnica; A. m. ligustica och A. m. caucasica,* när det i Europa finns tio olika underarter att välja emellan. Precis som i all djurhållning utsätter en genetisk uniformitet i ett visst område biodlaren för katastrofala förluster om sjukdom breder ut sig.

Några andra aspekter av artificiell drottningavel förtjänar att nämnas i detta sammanhang. Köpta drottningar kommer sällan från samma område som den som samhället är van vid och har därför inte lokalt anpassade arvsanlag. I djurhållningen fanns det en stor visdom vid utvecklandet av lantraser dvs. aveln anpassade sig till området de var uppvuxna i. Ett erkännande av den lokala anpassningens betydelse motiverar delvis ansträngningarna att bevara det europeiska svarta biet, *Apis mellifera mellifera,* i sina ursprungliga regioner. Rasen evolverade att anpassa sig till klimat och dragförhållandena i sin region utan att stöd från importerat socker och var/är utan tvekan rik på lokalt anpassade underarter. Att använda sig av lokalt anpassade bin är den mest hållbara lösningen särskilt som det inte kräver en hel industriell infrastruktur för avel och den koldioxidkrävande distributionen som ingår. Om detta är fallet hänger allt på den enskilde biodlaren eller åt- minstone på väldigt lokala sammanslutningar av sådana. Det skulle välkomnas om Bee Improvement and Bee Breeders´Association (BIBBA) riktar in sig på att stödja lokala grupper att bevara svarta bin.[175]

Jag skulle avråda från att ”importera” även ett svart bi, till sin ursprungliga trakt, som har ”snickrats ihop” enligt något ideal eller någon modell i någon annan trakt. Det skulle kunna vara lika ohållbart som att importera italienska bin till norra Europa. Inte ens att återinföra det från överlevande lokala populationer skulle alltid vara hållbart, utom i områden vars geografi tillåter etablering av en drönarpopulation som skulle kunna behålla sin rasrenhet.

Slutligen finns frågan om naturligt urval. Om bin alls är domesticerade, är de det bara delvis. De kan vara mer eller mindre utsatta för det ”visa osynliga naturliga urvalet” beroende på graden av ingrepp som biodlarna valt. I den naturliga svärmningsprocessen dras många drottningar upp, men bara en stannar i modersamhället efter det att den gamla lämnat. En eller två kan även lämna i eftersvärmar. En drottningodlare skulle anse det vara ineffektivt om det utav låt oss säga tio drottningceller, endast en eller två blev resultatet. Artificiell avel kortsluter ett viktigt steg i det naturliga urvalet, vilket inbegriper ett antal ganska komplexa beteenden bland konkurrerande drottningar och mellan arbetsbin och drottningar.

Den andra raden av komplexa beteenden som är kortsluten genom avel som inte tar hänsyn till svärmning, är hela processen när bina skall hitta en ny boplats. Detta inbegriper själva svärmningen; klusterbildningen; beslutet om ny plats; färden dit; att ockupera den och bygga tillräckligt med fyllda vaxkakor för att klara vintern. Man undrar hur många generationer med denna process avbruten det tar för att försvaga bina så genetiskt att de inte längre är förmögna att klara sig utan människans ingripanden. I en undersökning fann man att omkring 80% av svärmarna inte klarade den första vintern.[176] Detta är en hård urvalsprocess, som, om den förhindras av för mycket skötsel av biodlaren t.ex. rutinmässig vinterfodring med socker, samtidigt tar bort stimulansen till långsiktig adekvat anpassning.

## Lokal avel med hela samhället.

För att maximera den intima relationen mellan samhället och drottningen genom att dra upp drottningar från normala drottningceller, krävs att vi måste avla drottningar med svärmimpulsen. Detta innebär att avelsarbetet huvudsakligen utförs av enskilda biodlare i sina egna bigårdar med lokalt anpassade bin.

### *Artificiell svärmning*

Många biodlare har bigårdar i bebyggda områden och därför, om de inte har väldigt toleranta grannar, ofta föredrar att inte låta sina samhällen svärma naturligt. En möjlighet är då att göra någon form av artificiell svärmning för att förhindra naturlig svärmning som annars skulle skett.

Låt oss göra en paus här för att betrakta hela situationen: biodlare har bin i bebyggda områden samtidigt som de känner till binas kraftfulla instinkt att svärma. De förväntar sig sedan att bina anpassar sig till denna miljö trots att de inte bett om att få bo där. Med det växande intresset för att hjälpa honungsbiet och den motsvarande ökningen av stadsbiodling, verkar det som om någon form av utbildning av allmänheten behövs om det som händer när bin svärmar, en situation där de vanligen är som allra lugnast.

För att återvända till artificiell svärmning: vi förutsätter att vi här är intresserade av drottningar som dras upp i normala drottningceller. När ockuperade drottningceller finns så delar man samhället medan man försäkrar sig om att den delen som inte har drottning får en eller flera drottingceller. För att få reda på när ett samhälle är redo för artificiell svärmning krävs det en rad inspektioner innan åtgärden. De ökade antal ingrepp detta innebär har konsekvenser för samhällets hälsa.

Traditionella metoder kräver att alla celler utom en eller två avlägsnas från samhället som delas med artificiell svärmning. Genom detta riskerar man att välja bort en livskraftig drottning eller ännu värre, att stå utan någon alls. Bin har klarat att välja sina egna drottningar i årtusenden utan vår hjälp, så bör vi inte låta dem själva bestämma? Svaret beror delvis på om biodlaren är böjd för att helt manipulera dem – i vilket fall han förmodligen inte skulle låta dem påbörja svärmningsprocessen alls - eller om han anser att binas egna instinkter också har något värde.

I det senare fallet skulle det vara bättre att inte blanda sig i för mycket och låta bina anpassa sin genetik till det som möter dem i form av tillgängliga dragförhållanden, klimat skadedjur och sjukdomar. Alltför mycket artificiell avel riskerar att minska den genetiska bredden och därför de framtida möjligheterna att tackla nya utmaningar. Hänsyn måste emellertid tas till det faktum att om man lämnar alla drottningceller kvar, riskerar man att svärmar kan komma trots delningen.

Det kan vara värt att undersöka vilka egenskaper som vanligtvis ingår i avelsprogram och fundera över om de verkligen är önskvärda när det gäller relativt naturlig biodling. Följande lista kan göras större:[177]

Lugna bin (som inte hoppar, sticks, följer efter, bits eller stångas)

Kakfasthet

Propolis (inte för mycket)

Hur de packar ihop sig i kluster

Inbollning av drottning

Yngelutrymme, cellstorlek

Pollenförråd (pollen förvarad över, runt och under yngel)

Vaxbygge (hastighet att ockupera skattlådor, bygga ut celler, honungsförråd och kvalitet på täckning)

Tidig våruppbyggnad

Duktiga insamlare

Hygieniskt beteende, städning

Kalkyngel

Putsning av kvalster

Förmåga att ersätta drottningförlust

Morfometriska data (färg, ving-tunglängd, hårbeklädnad etc.)

De första fem tar huvudsakligen hänsyn till bekvämlighet för biodlare som ”måste” öppna kuporna och ta ut vaxkakor relativt ofta. Även om de inte blir stuckna vill de inte bli distraherade av störande bin som även kan följa efter hem eller till bilen. Dessa egenskaper hör huvudsakligen ihop med deras förmåga att försvara sitt hem från angrepp och sjukdomar. De flesta av de andra egenskaperna skulle kunna sammanfattas som frågor som kan besvaras utan att öppna kuporna som t.ex: bygger samhället ut tillräckligt?, finns det honung tillräckligt? Så istället för att reducera urvalskriterier till sina minsta beståndsdelar, kan man se det mera holistiskt.

Det är helt klart att även om vi undviker intensivt riktat urval på de egenskaper som har tilltalat biodlare från tid till annan, så betyder inte det att man skall överge avel helt och hållet. Om ett samhälle inte utvecklas normalt i jämförelse med andra under goda dragförhållande, så kan man gallra ut det eller om det inte är sjukt kan de slås samman med ett annat. Det är en bra strategi att göra sig av med svaga samhällen genom att välja vilken drottning man skall ta bort eller att låta dem klara ut det själva. Ett starkt samhälle ger mer honung än två svaga. Och om ett samhälle visar oönskade beteenden utöver det vanliga t.ex. vara så defensivt att det sticker grannarna, då kan det enkelt tas bort från aveln och i extremfallet, få drottningen utbytt.

Vi har funnit att samhällen som sköts under minimal stress, särskilt den stress som uppstår vid ofta förekommande kupöppningar, är betydligt mindre benägna för defensivt aggressivt beteende. Att avla mot lugna bin hör ihop med en viss typ av biodlingsmetoder. Och om defensivt beteende är kopplat med hittills ännu inte upptäckta egenskaper som kan vara gynnsamma för binas hälsa, är det då så klokt att avla så aktivt för lugna bin?

Även i biodling med halmkupor tillämpades ett visst mått av holistiskt urval – dvs. urval av hela samhällen. Det var när man skulle besluta om vilka samhällen som skulle övervintras.[178] Samhällena sorterades efter vaxutbyggnad, både kvantitativt och kvalitativt, och efter vikt. De lättaste drevs in i samhällen som behövde fler bin, honungen skördades eller vaxbygget sparades till nästa år. Dessa lätta samhällen var de som hade misslyckats bygga så mycket som genomsnittet, vilket tolkades om att de hade otillräckliga drottningar. Samhällen med medelvikt blev nästa års kupor. (vinterliggare) Dessa kan ibland ha kompletterats med bin från de tyngsta samhällena, vilka kallades honungskuporna och som namnet antyder var de som skördades. Att skörda från halmkupor, tillskillnad från topplistkupor, innebar vanligen att skära ner hela samhället. Först drevs bina ut för att undvika den slösaktiga och barbariska kvävningen med svavel.

Att arbeta med svärmningsimpulsen och samtidigt ha full kontroll över resultatet är mer bekvämt med ramkupor beroende på det enkla förfarandet vid inspektion och den därmed sammanhängande manipulationen. Samhällen i topplistkupor kan även de delas, men det är tydligt att varken hTBH eller vTBH är särskilt lämpliga för intensiv drottningodling, dvs. att dra upp många drottningar från ett enda samhälle.

Fig 8:3: Drottningcell Foto: Tim Walsh

I de horisontella är en delning för framdragning av en drottning relativt enkel eftersom kupan enkelt kan delas och roteras så att den drottninglösa delen med dragbin och drottningceller hamnar i ena halvan och den gamla drottningen hamnar i den andra.[179] I den vertikala, så som Warré kupan, innebär delning vanligen att man arbetar med hela lådor eftersom vaxkakorna inte är lika enkla att flytta som i horisontella, vilka senare kupor enligt sin natur också ofta har traditionell omflyttning av vaxkakor. Gilles Denis, som har flera hundra samhällen i modifierade Warré kupor, behåller antalet kupor intakt med sådana delningar där han ofta inte hittar drottningarna.[180] För att dra fram drottningar använder han halvramar ( se Kap. 10)[181] Varken vertikala eller horisontella kupor har drottningaller. Drottningen har tillgång till hela kupan. Kan denna frihet underlätta den intima relation mellan drottning och samhälle som Steiner syftade på?

*Naturlig svärmning*

De delningar som beskrivs ovan resulterar i artificiella svärmar och, även om de använder drottningceller, som är en del av den naturliga svärmningen, så innebär det likväl ett ingrepp i samhällets naturliga reproduktionsprocess. En naturlig svärm har alltså en mer intim relation till sin drottning än en artificiell svärm. Svärmförberedelse, inklusive uppdragning av svärmande bin, börjar veckor i förväg. Denna svärm – drottningrelation omfattar slutligen antalet och sammansättningen av bin, dvs. binas ålder och sålunda deras utvecklingsgrad och motsvarande funktioner i samhället. Jag har förvånats av hastigheten med vilken en naturlig svärm fyller en Warré kupa och bygger upp ett livskraftigt samhälle. Så t.ex. skakade Timothy Malfroy (New South Wales) ner en sådan svärm på sensommaren och inom två veckor byggde de på sin fjärde låda.

Jag föredrar att starta ett nytt samhälle med naturliga svärmar. Detta är helt klart inte möjligt för alla. Det kräver mer övervakning av bigården och i bebyggda områden kan det skapa problem med grannar. Även när en svärm ger sig iväg är det inte alltid praktiskt möjligt eller säkert att fånga den, t.ex. om den satt sig i ett högt träd. För att minimera svärmförluster, kan man sätta upp ett antal billiga svärmfångare i grannskapet. Dessa måste inspekteras ofta. För att fungera bra bör de placeras ett par meter över marken på ett lämpligt ställe; innehålla ca 40 liter; ha haft bin i sig tidigare eller lukta bi; ha en ingång på 12 kvadratcentimeter i botten; vätta mot söder och ligga över 300 m från bigården.[182],[183]

För att få en ny kupa att lukta bi kan insidan strykas med bivax och/eller propolis, likaså ingången. Ett alternativ är att hänga en sjukdoms fri bit vaxkaka inuti, som haft yngel i sig tidigare. Man kan göra den ännu attraktivare genom att spruta ett par droppar citrongräsolja inuti. Man har funnit att detta har varit 2,5 gånger så effektivt jämfört med bara bivax.[184] Det syntetiska Nasonov feromonet fanns vara bara hälften så attraktivt jämfört med citrongräsessens. En del biodlare rekommenderar att måla området runt ingången vitt för att öka kontrasten och dra till sig scoutbina. Förutsatt att svärmfångarna kollas regelbundet finns det inget behov att använda vanliga kupor för detta ändamål, en kartonglåda skyddad mot regn kan duga. Svärmfångare har tillverkats av allehanda lådor. En påhittig lösning är en bit vägdräneringsrör, från vilken svärmen lätt kan lyftas och föras över i en Warré kupa.

Jag erkänner att naturlig svärmning ställer särskilda krav på biodlaren men det är inte långt när så krävande som lamningen är för en får-ägare i min trakt. Dessa är ofta vakna halva natten för att övervaka lamningen. Jag håller med Erik Berrevoets som anser att ”biodlare som inte vaktar sina bin under den här tiden kanske ska överväga om de ska vara biodlare.”[185] Några svärmar kommer likaväl att undkomma. Men i vilken mening är detta egentligen en förlust? Den minskar visserligen biodlingens vinst, men den ger också möjligheten att återinföra vildsamhällen i landskapet, vilka åtminstone i UK har försvunnit på grund av Varroa. En sådan förlust mildras av ökningen i omgivningarna, även möjligen hos någon granne, och på så sätt hjälpa till att upprätthålla den genetiska mångfalden.

# 9. "FOLKETS KUPA" AV ABBÉ ÉMILE WARRÉ

*"Varje vinter under hela min barndom åt mina vänner rikligt med honung, precis som jag. Tjugo år senare, var jag den ende som hade bikupor. I vissa trädgårdar fanns en övergiven Dadant – eller Layens kupa – naturligtvis tomma. Ägarna hade låtit sig förföras av annonserna på en jordbruksutställning. De trodde att de skulle klara sig bättre med dessa moderna kupor. I själva verket övergav de den enda kupa som hade passat dem. (....) I mina föräldrars hem fanns alltid gott om honung både för husbonde och arbetare, även för gårdens djur. Alla våra vänner i byn fick också sin del varje år."* [186]

För att bekräfta Warrés påstående ovan om nedgången i biodlingen kommer här ett utdrag från en rapport från UK:s regering 2008:

*"För 100 år sedan fanns det runt en miljon bikupor; detta minskade till 400 000 på femtiotalet för att senare minska till 274 000 idag."* [187]

Mycket av det som sagts tidigare har skrivits med topplistkupor i åtanke eftersom de på många sätt är lättare att sköta och enklare än halmkupor att tillverka. Av topplistkuporna föredrar jag den vertikala eftersom den kräver mindre ingripanden av biodlaren och fungerar optimalt.

Den huvudsakliga principen bakom den vertikala topplistkupan är att nya lådor tillsätts nerifrån dvs. den placeras under ynglet och honungen skördas alltid ovanför. Yngelrummet fortsätter att växa neråt precis som i en ihålighet med vildbin.[188] Tömda yngelceller fylls med honung längst upp. Eftersom det inte finns några supers är den största triggaren för bina att överproducera honung eliminerad och därmed en av de största stressfaktorerna. Bina har en stark drift att fylla allt utrymme över yngelrummet med honung. Denna drift är särskilt utnyttjad med "checkerboarding" vilket skapar en blandning av tomma och fyllda vaxkakor över yngelrummet för att bryta upp honungsranden med det slutliga målet att förhindra bina att svärma.[189] I en Warré kupa däremot, helt utan supers, kan bara så mycket honung förvaras i toppen som celler har tömts på yngel. Detta begränsar honungsskörden, vilken i genomsnitt kan vara hälften så stor som i ett samhälle med supers i samma område. Det är värt att notera att i en noggrann undersökning under juli/augusti i New York State, USA, fann man 15 kg honung i genomsnitt fastän maximum var så högt som 200 kg.[190]

Den första vertikala topplistkupan jag fick kännedom om var den som Johan Ludwig Christ (1739-1813)[191] konstruerade och kort därefter Abbé Émile Warré (1867-1951).[192] Den sista upplagan av *L´Apiculture Pour Tous* (*Biodling för Alla*), den bok som starkast förordade topplistversionen av Folkets Kupa, fanns bara på franska vid den tidpunkten tack vare Guillaume Fontaines arbete med att skanna en kopia som kunde publiceras på internet.[193]

Fig. 9:1 Christs Kupa rekonstruerad av Rudi Mauer. Foto: Rudi Mauer

Jag tyckte Warrés bok var värd en översättning till engelska, inte bara för detaljerna i kupans konstruktion och dess skötsel utan också för de observationer Warré gjorde som är relevanta för vårt tema här. Dessutom verkade kupan så enkel att bygga och sköta att den lätt skulle kunna resultera i att biodling blev lika vanlig som den var på 1800- talet. Kupan har vidare redan avsevärd spridning i Frankrike där det finns åtskilliga olika modifikationer, vilka presenteras i Kap. 10. Mina kontakter i Frankrike visade sig vara till fantastisk hjälp när det gällde att introducera kupan hos engelskspråkiga biodlare. Jag är emellertid fortfarande förvånad över att detta inte skedde för ett halvsekel sedan. Om någon läsare upptäcker att kupan har funnit sin väg till engelskspråkiga länder före 2006, skulle jag vara mycket intresserad av att få reda på det.

Publiceringen av *Beekeeping for All* på Internet följdes av att artiklar dök upp om kupan i tidskrifter om biodling i UK, USA, Canada, Australia, New Zealand och México och följdes av en e-grupp 2007.[194] Det fanns redan sådana grupper i Frankrike för kupan och dess modifikationer.[195] E-grupperna är utmärkta ställen att få hjälp med olika frågor om kupkonstruktion och skötsel liksom pålitliga ställen att köpa bin i din region.

## Föregångare

Med det ökande intresset för kupan bland engelskspråkiga 2008 – 2009 blev jag uppmärksammad på åtskilliga föregångare till Warrés koncept. Warré påpekade att Folkets Kupa inte var en revolution inom biodlingen.[196] Efter det att han utvecklat den, fick han höra talas om Palteaus och DuCouédics kupor som var baserade på liknande principer. Andra föregångare som nu kommit till min kännedom:[197]

John Gedde (1647-1697), bok publicerad 1677 (3:e upplagan)

Guillaume Louios Formanoir de Palteau (1712 - ?) bok 1756

Samuel Linnaeus (1718-1797) bok 1768

Thomas Wildman (1734-1781) bok 1768

Pfarrer Johann Ludwig Christ (1739-1813) bok 1779

Bryan l´Anson Bromwich ( ?. 1805) bok 1783

Pierre Louis DuCouédic de Viieneuve (1743-1822) bok 1813

Edward Bevan (1770-1860) bok 1827

T.M. Howatson (?-?) bok 1827

Nicolai Vivitsky (1764-1853) bok 1846

Llarion Semenovich Kullanda (1848-1922) bok 1822

Alla ovan nämnda är inte toppliskupor men de följer alla baskonceptet med tillökning underifrån och skattning ovanifrån. T.ex. svensken Linnaeus (Carl von Linnés bror) halmkupa med tillökning underifrån. Detta var en vanlig metod i biodling med halmkupor åtminstone fram till 1800-talets början.[198] Vi kommer inte att gå igenom alla versioner här. Warré kupan självt, tillsammans med alla modifikationer även de som inte är kvadratiska, räcker för att illustrera principerna och metoderna i detta biodlings koncept.

Fig. 9:2: Folkets Kupa av Warré

## Konstruktion

Även om Folkets Kupa är lätt att tillverka kan en del biodlare vilja köpa dem färdigbyggda. Jag försöker hålla en uppdaterad lista på tillverkare på den engelska Warré biodlings webbsida.[199]

Det här kapitlet är inte menat att ersätta *Biodling för Alla. (finns på svenska BoD.se)* Tvärtom, jag rekommenderar varmt att läsa den innan man ger sig på Warré biodling eller försöker sig på någon modifikation av Folkets Kupa. Boken är avsedd för nybörjare men det finns många aspekter på utvecklingen och skötseln vilka borde intressera även erfarna biodlare. Jag rekommenderar också starkt att nybörjare går med i en lokal biodlarförening där stor erfarenhet ofta finns.[200]

En Warré kupa är en varvad topplistkupa med åtminstone två lådor. Lådorna är stötfogade och spikade i hörnen, med innermåtten 300 x 300 x 210 mm med topplister på 9 x 24 mm och placerade 36 mm c/c. Botten, en slät skiva med en insågning ger en ingång 120 mm bred med en flusterbräda fastspikad undertill. Djupet av insågningen ger bina möjlighet att passera under kanten på den understa lådan.

Fig. 9:3: Botten

De inre måtten på lådan blev resultatet av en långvarigt experimenterande med ca 350 kupor, men är huvudsakligen utvecklade utifrån egenskaper lånade från Abbé Voirnot och Georges de Layens kupor, såsom den inre volymens storlek och form liksom antalet topplister.

Fig: 9: 4: Ovansidan av en Warré låda

Fig. 9: 5: topplister underifrån med vaxremsor

Fig. 9:6: Säckvävsduk med propolis

Lådorna är åtminstone 20 mm tjocka. Warré föredrog 24 mm. Jag använder 25 mm men att finna virke i dessa tjocklekar är inte så lätt. Topplisterna vilar i urfräsningar 10 x 10 mm eller för att göra det enklare på en list fastspikad 10 mm under lådans övre kant, även om detta kan försvåra inspektion om den nu måste göras. Topplisterna har en sträng av vax eller vaxremsa fastvärmd i mitten av de råsågade undersidorna.[201] Fréres and Guillaume rekommenderar att stryka linolja på de hyvlade översidorna för att undvika att de byggs ihop med lådan ovanför. De har också en skåra 2 x 2 mm i mitten av undersidorna men det är inte nödvändigt.[202] Listerna är fästade med tunna stift utan huvud, ramstift 20 x 1 mm, som kortas ned. Dessa stift får inte nå in alltför långt i utfräsningen, då kan det bli svårt att få loss dem. Ett djup på 5 mm räcker. Alternativ till dessa stift diskuteras i nästa kapitel. Varje låda har stora stadiga handtag som kan bära en fullstaplad kupa när den lyfts. Över den översta lådan ligger en säckväv impregnerad med en rågmjölssmet som hindrar bina att gnaga sig igenom.[203] Säckväven kan klippas ut ur kaffesäckar eller från jordnötssäckar från en djuraffär. Ovanpå den finns en 100 mm djup isoleringslåda. Undersidan är täckt med säckväv och är öppen uppåt så att den kan inspekteras och fyllningen kan bytas ut om det är nödvändigt. Den är fylld med naturligt isoleringsmaterial som kutterspån, sågspån halm eller torra löv. Förutom sin isolerande funktion hjälper den till att buffra överskotts fukt i den stora ytan med organiskt material.

Fig :9:4: Isoleringslåda

Fig: 9:5: Tak sett underifrån

Ovanpå isoleringslådan vilar taket som hindrar möss att ta sig in. Den har också ventilation som minskar värmen från solinstrålning. Appendix 2 innehåller arbetsbeskrivning för att tillverka en kupa. Ritningar som kan skrivas ut i både centimeter och tum finns som PDF filer[204]

Lägg märke till att Warré konstruerade kupan även för dem som har begränsade färdigheter i träslöjd och bara har enklare verktyg. Den som är helt oerfaren i träslöjd kan ha nytta av att läsa Nick Hampshires konstruktions guide.[205] Den är dock något modifierad.

Warré rekommenderade att måla kupan med vit linoljefärg. Många biodlare föredrar idag att använda latexbaserad färg p.g.a. att den ”andas” bättre. Jag använder oljebaserad färg till taket men ger lådorna två strykningar upphettad rå linolja med minst 24 timmars torktid emellan. Kinesisk träolja har också använts med framgång men den torkar långsamt.

## Kupans skötsel

### *Bigårdens placering*

Vanliga ställen är trädgårdar, tak i städer, kolonilotter, utmed åkrar och inte odlad mark etc. Väggar, staket, häckar och nätstängsel hjälper till att leda flygtrafiken i rätt riktning. Inflygningen nära flustret bör inte korsa stigar eller annat där folk ofta passerar. Ingången bör riktas allt emellan öster och söder för att stimulera bina att dra så tidigt som möjligt. Om dragmöjligheterna inte är bättre än genomsnittet försöker man att inte ha mer än tre kupor i samma bigård för att inte stressa bina genom konkurrensen. Om det finns en annan bigård i närheten ännu färre.

Under alla mina kupor har jag en återanvänd betongplatta som jag lägger i nivå med marken och i horisontellt läge med hjälp av ett vattenpass. Det ger en stabil grund. Redan från början riktar jag plattan i önskad riktning. Ytterligare kommentarer angående ben och ställningar finns i Kap.10.

### *Användning av rök*

Jag använder rök mycket sparsamt och då bara för att förstärka åtgärderna. Eftersom rök innehåller en cocktail av giftiga kemiska ämnen och uppenbarligen irriterar bina, är det klokt att inte använda för mycket. En annan nackdel är att den stör samhällets kommunikation och det kan ta sin tid innan dess feromonstruktur återställs helt. Det är bättre att använda rök från naturliga material än de syntetiska produkter som erbjuds biodlare.

Warré rekommenderade att pusta lite rök i ingången vid varje besök men jag anser det onödigt. Om tex lådor skall sättas till underifrån med hjälp av en lift, verkar bina knappt lägga märke till det och den nya lådan kan glida in helt lugnt bara man tar hänsyn till att inga bin kommer i kläm. I vissa situationer, när man befolkar en kupa med en svärm tex, kan en svag sockerlösning från en sprayflaska hjälpa.

Fig:9:9: Fem Warré lådor

Fig:9:10: Lift

### *Att befolka en kupa*

Warré ansåg att en förstasvärm på 2 kg gav det bästa resultatet. Inköpta paketbin på omkring 1 kg – en artificiell svärm med en drottning - har fungerat bra för Warré biodlare i Nordamerika. Om man inte vill betala för bin kan man tala om för lokala biodlarföreningen, polisen, Anticimex eller brandkåren att man gärna tar emot svärmar. Det är också värt mödan att sätta upp svärmfångare (se Kap.8)

Fig. 9:11: Komersiella paketbin Foto:Larry Garrett

Om man har möjlighet är det bäst att befolka en kupa alldeles före ett huvuddrag. Det ger de bästa förutsättningarna för att vaxkakor blir snabbt uppbyggda och utvecklingen av samhället sker utan att stödfodring måste ske. I UK inträffar detta vanligen någon gång i maj eller sent i april en tidig vår. I slutet av juni börjar det bli för sent för en snabb samhällsutveckling utan kopiös fodring.

En naturlig svärm kan skakas eller borstas ned i en upp och ner vänd Warré kupa som sedan vänds och sätts ovanpå en annan. Man kan även låta bina vandra upp för en skiva in i en kupa som redan är uppställd. Arbetsbina från en låda paketbin kan behandlas på samma sätt, då kan drottningen släppas lös ur sin bur vid ingången på samma gång bina rusar in.

Paketbin kan släppas i samtidigt som drottningen släpps fri på följande sätt: ha två Warré lådor redo till hands och en tredje utan topplister som tratt. Öppna drottningburen och sätt den på kupbotten. Sätt omedelbart på de två lådorna och den tomma ”trattlådan”. Skaka ner bina. Pusta ner lite rök i den översta lådan om nödvändigt och sätt tillbaks säckväven med isolerinslådan och taket överst. Om det finns bin kvar i paketet, sätt den framför och i kontakt med flustret.

Fig.9:12: En svärm rusar in i en Warrékupa

En alternativ metod är att lägga ett par små ribbor ca 6 mm tjocka på kupbotten och sedan sätta på en låda utan topplister på botten. Ta bort foderburken och drotttningburen ur paketet och häll ut merparten av bina i lådan. Sätt paketet med resterande bin på ribborna utan att klämma några bin. Sätt två lådor med topplister ovanpå den understa lådan. Avlägsna pluggen framför fodret i utgångshålet i drottningburen och fäst den i listerna i den översta lådan utan att nätet täcks för. Stäng kupan. Nästa dag när klustret har formerat sig runt drottningen tar man bort den understa lådan, paketet och ribborna. Om det inte kommer in pollen efter några dagar är det bäst att kontrollera att bina har släppt ut drottningen.

Tillräckligt många bin och en drottning kan föras över från en ramkupa eller annan typ av kupa genom trumning dvs. genom att så med käppar på det traditionella sättet[206] Detta har fördelen att det stimulerar svämning genom att ynglet, hur mycket kvalster eller sjukdomar det än har, lämnas bakom, och om det är önskvärt kan samhället tillåtas få en ny drottning. Och om modersamhället inte skall fortsätta får chocksvärmning från ramar med vaxkakor och yngel direkt i en Warré kupa samma resultat. Dessa metoder att överföra bin in i en Warré kupa från en avläggare är kanske inte lika framgångsrika beroende på dess mindre antal bin, men om vädret är varmt och det finns bra drag kan även de komma ifråga.

Fig. 9:13: Tratt för överföring av bin.

Man kan överföra vaxkakor och bin från en ramkupa, eller från ett förvildat samhälle i någon byggnad där det inte är önskvärt. Detta kan göras på något av dess tre sätt: antingen genom att skära ut delar av vaxkakor och binda ihop dem med topplister; genom att vaxkakor från avläggarnas ramar anpassas att passa in i en Warré kupa; eller genom att stötta upp vaxkakor upprätt med spjälor i en Warré kupa i vars botten det finns fastklamrat kycklingnät.[207]

Åtskilliga Warré biodlare har framgångsrikt överfört samhällen från ramar till Warré kupor genom att placera dem i en låda på en anpassad skiva överst på en Warré kupa. Detta kan säkerligen vara något att överväga om man bara har tillgång till avläggare även om det är en långsam metod och inte alltid lyckas under den första säsongen. Det hjälper om den understa ramdelen tas bort och de sätts så att vaxkaorna kommer endast en bigång ifrån topplisterna i Warre´kupan.

OFig.9:14: Langstroth låda med 8 ramar på en Warré kupa

När det gäller en Kupa som National bör den övre ytan på övergångs-skivan vara i nivå med den översta delen på Warré lådan. Detta kan stöttas från handtagen på Warré lådan. De som är vana att hitta drottningen kan önska skynda på övergången genom att placera drottningen i den översta Warré lådan under ett drottninggaller. Det bästa vore om hon kunde placeras på en bit vaxkaka med arbetsbin säkert fastsatt på en av de mittersta topplisterna så att hon kan börja lägga ägg omedelbart. Överföring av drottningar kan göras säkrare med en drottningfångare. När ynglet kläcks i avläggaren fylls de med honung och den översta lådan kan användas som en super.

Fig 9:15: Langstroth kupa överförs till en modifierad Warré kupa. Lägg märke till möjligheterna till ingångar i lådorna. Foto: Bill Wood

Fig. 9:16: Ram till adapterskiva som vilar på en Warré lådas handtag.

## *Stödfodring*

Om det inte finns något nektardrag efter att en kupa befolkats, fodra med din egen honungslösning (2:1 honung: vatten i vikt) eller om det inte finns någon honung 1 kg socker löst i 0.5 l vatten. Om vädret är varmt en längre tid, sätt in en öppen behållare på kupbotten i en tom kuplåda. Fyll behållaren med halm eller ett lager vinkorkar (förbjudet i Sverige) för att hindra bina att drunkna. Om vädret är kallt är det bättre att använda foderbehållare som placeras längst upp i kupan. Warré beskriver två typer en för våren och en för hösten .[208]

Fig.9:17: Foderlåda för våren

Fig 9:18: Foderlåda för hösten. Taget ovanifrån till vänster och underifrån till höger.

## *Kontroll av samhällets utveckling*

Storch beskriver utförligt hur mycket kan läras genom observationer av aktiviteterna på flustret. (Finns översatt i *Diagnos vid flustret.* Bod.se)[209] Allt ser bra ut om bina regnfria dagar flyger in och ut och många drar in pollen. Den översta lådan kan fyllas på fjorton dagar i UK, ibland på kortare tid. Om ytterligare fjorton dagar kan man sätta under en låda till, dock alltid efter behov. För att kunna se hur utvecklingen har fortskridit lutar man kupan bakåt lite för att få en tillräckligt stor öppning och tittar uppåt. Man kan använda en ficklampa och en spegel. Gör inte detta för ofta. En viktig del i Warré biodling är att låta bina vara ifred.

Fig. 9:19: Ett samhälle har just börjat bygga i en Warre´låda. Sett underifrån.

Det dröjer inte länge förrän en två lådors kupa blir för tung för en person att lyfta tex när man skall sätta under en tredje låda. Om man inte har någon medhjälpare, och inte vill demontera kupan låda för låda och sätta dem åtsidan, vilket ju är emot metodens principer, kan man använda en lift. Det finns liftar att köpa, men det är ganska enkelt att tillverka en enkel gaffel lift, som kan lyfta hela kupan i handtagen, bara taket lyfts av. Ett ankarspel monteras på en ram och förbinds med talja och block med en skiva, som glider upp och ned. Skivan har två armar som lyfter handtagen. Det hela går väldigt lugnt till och bina brukar knappt märka det. Ett exempel på konstruktion finns i Appendix 3.

*Att skörda honung*

Inga bitömmare, rökpustar, kemiska birepellenter, extra skattlådor (supers), avtäckningsknivar, slungor behövs när man skördar honung från en topplistkupa. Detta minskar avsevärt det ekologiska fotavtrycket från biodlingen. De flesta redskap finns redan i ett vanligt kök som knivar, silar och skålar. Har man en hTBH borstas bina enkelt bort från vaxkakorna och dessa skärs ned i en hink med lock. Honungen får långsamt rinna ur eller pressas ur de sönderskurna eller krossade kakorna. På detta sätt undviks exponering i luften av de fina små honungsdroppar som uppstår vid slungning som kan påverka honungens smak och arom.

Om man har befolkat en kupa under mitten av våren i UK och haft en normal sommar kan man kanske skörda en låda i början på hösten. Ta av tak och isoleringslåda. Dra ifrån säckväven lite och pusta lite rök så att bina går ner i lådan under. Gör lös lådan med en kupkniv, om nödvändigt med en försiktig horisontell vridning några grader åt båda håll. Kontrollera att det inte finns något yngel genom att luta lådan och inspektera underifrån. Vaxkakorna kan försiktigt föras åt sidan med fingrarna för bättre sikt. Om yngel finns sätter man tillbaka lådan. Kontrollera att lådan under har åtminstone 6 fyllda vaxkakor (ca 12 kg honung). De utgör vinterförrådet. Om det, med kännedom om lokala förutsättningar, kan förväntas ytterligare drag, kan man nöja sig med mindre antal fyllda vaxkakor i den undre lådan i detta skede.

Om det fortfarande finns några bin kvar i lådan som skall skördas, kan de drivas ut med en kombination av trumning med käppar och lite rök. Om ett kluster av bin är ovilliga att ge sig av, kan man misstänka att drottningen är i inbollad i mitten. Man då bör temporärt försiktigt sätta tillbaka lådan om man inte säkert kan fånga henne och föra tillbaka henne för sig. Om det finns öppna honungsceller i de undre delarna av kupan, måste man vara försiktig så att man inte spiller honung, vilket kan sätta igång röveri. En lösning kan vara att sätta tillbaka lådan med ett par millimeters springa mellan lådan och kupan. Detta kan göras med några tändstickor. Den lämnas där en kort stund så att bina hinner tömma honungen ur cellerna. Om lådan lyfts mer än 3 mm finns risk för röveri, men detta kan undvikas om man virar ett stycke tyg runt springan. Bin kan ha gått in i lådan igen under tiden så de måste drivas ut igen.

Ett vanligt sätt att få bin ur skattlådorna är att sätta en bitömmare mellan lådorna som skall skattas och kupan. I en Warré kupa, där drottnigen får gå fritt i hela kupan, är det viktigt att vara säker på att hon finns under bitömmarbotten dvs. nere i yngelrummet.

Ett annat sätt att tömma bin ur lådan, vilket kan göras säkert endast under ett bra drag, är att lämna lådan en liten bit från kupan så att bina kan flyga hem.

Innan man efter skörd stänger kupan, byt ut säckväven och isoleringen, om den inte är fräsch.

Fig. 9:20: Låda full med honung. Foto: Steve Ham, Spanien

## *Utvinning av honung*

De ljusaste vaxkakorna i de övre hörnen kan vara lämpliga att skörda som färska honungsvaxkakor för de har inte innehållit yngel. Resten sorteras för att avlägsna större mängder pollen. Man skär sönder eller strimlar vaxkakorna och låter allt rinna av i en sil. Vaxet kan antingen pressas i ett tygstycke eller tvättas rent i ljummet vatten. ”Honungssirapen” som uppkommer då kan ges tillbaka till bina eller användas till mjöd. En rad olika pressar används av Warré biodlare. De flesta kan hantera hela vaxkakor.[210]

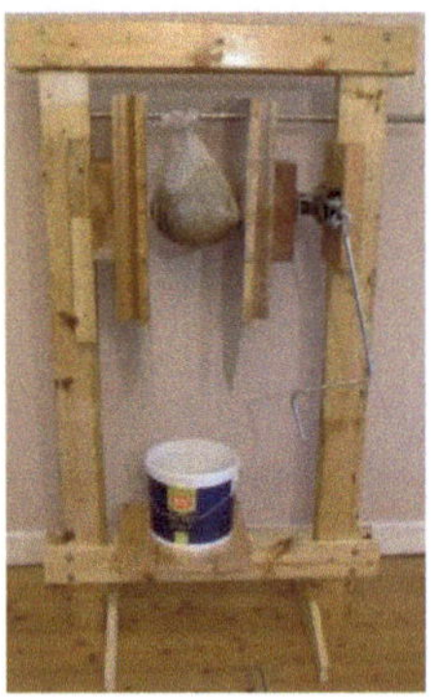

Fig. 9:21: En hemmagjord press med en enkel domkraft och plattor av rostfritt stål[211]

Det har framförts kritik att honung skördad från Warré kupor har förvarats i celler som har innehållit yngel. Det hävdas att cellerna har spår av larvhöljen och fekalier från unga bin och därför är ohygieniska. Mot detta kan man ha en rad invändningar. Först och främst städas cellerna ut väldigt noggrant av bina innan de används igen. För det andra har honung från sådana vaxkakor konsumerats av människor utan problem i hundratusentals år. Det finns fortfarande i många delar i världen biodling med halmkupor eller andra mer naturliga former av biodling. För det tredje, även i ramkupor, vilka sköts så att honung bara skördas i skattlådor där det aldrig funnits yngel, har den nektar som kommer in vanligen förvarats i yngelceller i kupans nedersta delar. Jag har vidare träffat en biodlare med sextio års erfarenhet med ramkupor som använder gamla yngelramar när han flyttar kuporna till ljungdrag.[212] På så sätt tjänstgör hans ramar en sista gång innan de pressas för att få ut den tixotropa honungen.

### *Att ta vara på vax*

Det är en god ide att tvätta vaxet tills det är relativt fritt från honung, även om det har pressats till kakor. Det får ligga i blöt i varmt vatten och rensas några gånger innan det lämnas att torka i flera dagar på en duk som hålls uppe av en nätlåda eller öppen flätad korg. Vax som inte har pressats kan innehålla mycket honung som ges tillbaka till bina.

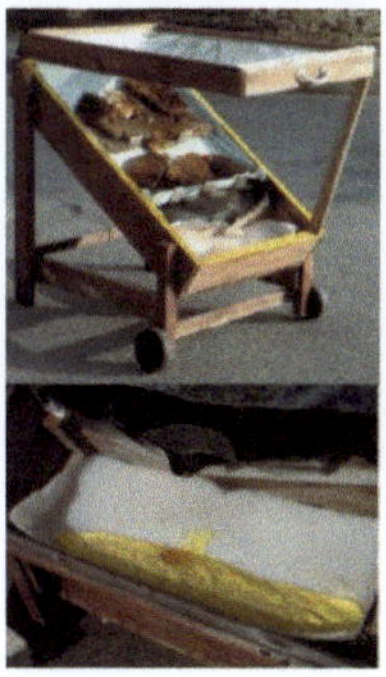

Fig. 9:22: Utvinning av vax med hjälp av solvärme.

Vax utvinns på ett mycket hållbart sätt med hjälp av solen.[213] Om botten i en låda på bilden täcks med ett gammalt bomullslakan kan det tjäna som ett filter, man kan då få vax som inte behöver någon vidare bearbetning. Alla droppar stelnad honung sätter sig vanligen fast i botten av vaxkakan och kan lösas upp i varmt vatten eller, om de är inneslutna i vax, skäras ut med en kniv. Förutom att sälja vax direkt, kan man få mer ekonomiskt ut av det på flera olika sätt, tex genom att göra vaxljus. Detta görs genom att smälta det i en stor burk i ett vattenbad och doppa ljusveke i det tills man får önskad tjocklek.

*Svärmning*

Att förhindra svärmning, som är en naturlig del av honungsbiets reproduktion som vi har nämnt tidigare. Det riskerar att långsiktigt försämra binas hälsa. Vi kan låta bina svärma och fånga dem, om nödvändigt genom att sätta upp svärmfångare (Kap. 8) och använda dem för att starta nya samhällen. Men detta är inte möjligt om det riskerar att störa grannar. I så fall kan de delas före svärmning det andra året eller artificiellt svärmas som Warré beskriver det.[214]

Fig. 9:23a: Svärm som lyft

Fig. 9:23b: Svärm nära svärmfångare

Fig. 9:23c: Svärmen rusar in

Fig. 9:23d: 20minuter senare

Fig. 9:23e: En halvtimme senare

## *Varroa kontroll*

Biodlare använder vanligen kemikalier mot Varroa, men detta är inte hållbart i längden utan kommer tvärtom att påverka binas hälsa negativt. Honungsbin och Varroa kommer så småningom att anpassa sig till varandra, coevolvera. All inblandning kommer att skjuta upp detta. Jag behandlar inte mina Warré samhällen eftersom de skapar idealiska förutsättningar för att hjälpa bina att kontrollera Varroa själva. När jag skriver detta är mina förluster 33% där förlusterna förmodligen kan hänföras till tre säsonger i rad med dåliga drag. (2007-9) Jag riskerar hursomhelst att fortsätta förlora samhällen även under bra år. Om man inte vill ta den här risken tex på grund av att man bara har en eller två kupor, kan man överväga att pudra sina bin med florsocker. Detta är påträngande och rörigt, men det sägs att det ger åtminstone någon kontroll förutsatt att det görs noggrant och ofta. En enkel spridare beskrivs av Dennis Murell.[215] Se även Kapitel 7 angående detta.

Fig. 9: 24: Pollen dras in: detta är ett uppmuntrande tecken inför samhällets fjärde år utan behandling.

*Invintring*

Om det har varit en normal säsong och rådet att lämna 12 kg har följts, kvarstår säsongens sista uppgift: att försäkra sig om att bina har två lådor med utbyggt vax att övervintra på och att placera ett passande musgaller framför ingången. Dessa kan man tillverka själv eller köpa. Det viktigaste är att det lämnar en springa på högst 7.5 mm eller en serie hål med en diameter som inte överstiger 9 mm. Warré beskriver ett musgaller som samtidigt kan vara ett hinder för röveri och snabbt kan ställas om för de två funktionerna.[216]

Om säsongen har varit onormalt dålig, kan det hända att det inte finns 12 kg i förråden. I så fall kan det vara nödvändigt att fodra. (se Stödfodring ovan) Detta måste göras medan det fortfarande är tillräckligt varmt, vilket i UK vanligen inte är fallet senare än i början av oktober.

Ett alternativt sätt att uppskatta förrådens vikt är att väga kupan. Det enklaste sättet är att väga med en fjädervåg. Man fäster den först under det ena handtaget och sedan under det andra, lägger ihop och delar sedan med två. Man drar sedan ifrån lådornas vikt. Jag använder mig av en fjädervåg för 30 kg som stöds och lyfts av skruven på en limknekt.

Den understa lådan bör frigöras från propolis som häftar fast den i botten och den behöver endast lyftas några millimeter tills den är helt fri.

Fig. 9:25: Vägning med en fjädervåg. A: kupa, limknekt, våg, kedja och krokar. B: limknektens skruv, krok och våg C: kedja och krok under handtaget.

Om det visar sig vid vägning på senvintern att förråden håller på att sina, finns möjligheten att fodra med foderdeg. Det finns gott om recept på detta. Principen är att lösa upp sockret helt i minsta möjliga vatten och koka upp lösningen till 117 grader C. Låt det kallna under omrörning och när det börjar kristalliseras, häll det genast i formar. För större mängder som 2 kg kan lösningen hällas i en 40 mm hög ram med Warré mått 300x 300 mm placerad på en skiva. Det kan vara bra att klä den med bakplåtspapper. När degen har stelnat stjälps den upp på en tunn metallplåt. Hela degen kan sedan placeras i kupan utan att man släpper ut värmen: när man drar tillbaka säckvävsduken ca 75 mm följer man den med en glasskiva så att topplisterna alltid är täckta. Sätt den upp och nervända lådan med degen och metallplåten överst på kupan och dra försiktikgt tillbaka metallplåten och glasskivan. Sätt tillbaka isoleringslådan och taket. Springan mellan foderlådan och isoleringslådan kan förseglas med tejp för att hålla regn och vind borta.

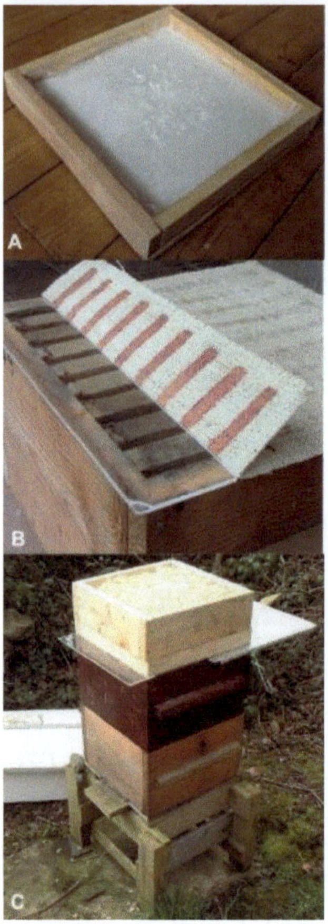

Fig. 9:26: Fodring med foderdeg sen vinter. A: låg låda som degform B: Tillbakadragen säckväv med instucken glasskiva. C: Upp och nervänd låda med foderdeg på en tunn metallplåt placerad på kupan. Glasskiva och metall plåt dras ifrån.

En svärm i UK kanske inte ger någon skörd det första året. Om man lämnar honungsförråden orörda försäkrar man sig om att de räcker vintern ut och biodlaren kan lugnt dra sig tillbaka. Dessutom får samhället honung och inte socker under vårens yngelutveckling.

*Senare år*

Vid lämplig tidpunkt innan ett bra nektardrag, vilket i UK vanligen är i början av april, kontrollerar man att samhället överlevt vintern – en stadig ström av inkommande pollen är ett bra tecken - man tar bort musgallret, rengör kupbotten och sätter under en låda med nyvaxade topplister. Man har ett öga på samhällets utveckling och ser till att man ligger före bina med utrymme och tillsatta lådor.

Samhällets andra år och framöver kan man kanske skörda två lådor med honung, allt beroende på område och säsong. Kom bara ihåg att Warré biodling betyder att man inte överexploaterar bina så man bör alltid lämna dem en lämplig mängd honung för kommande vinter.

# 10. MODIFIKATIONER AV WARRÉ KUPAN OCH MODERNA TIPS OM SKÖTSEL

Ännu medan Warré levde, dök det upp biodlare med en rad förändringar i Folkets Kupa. Warrré uttryckte sig förklenande om dem: ”T.o.m. Folkets Kupa har alla redan blivit offer för nya förändringar. De säger att de förbättrat den, men dessa är värdelösa, några skadliga och andra absurda.”[217] Hans omdömen om förändringarna var säkert påverkade av hans utgångspunkt att kupan skulle vara enkel för alla att tillverka. De flesta förändringar jag tar upp i det här kapitlet ökar helt klart svårighetsgraden vid tillverkningen. Många förenklar emellertid skötseln och några är väsentliga i klimat som klart skiljer sig från klimatet där kupan utvecklades i Somme och Tour, i norra Frankrike. Det finns även en rad tips här som enligt min åsikt borde vara till hjälp för vissa Warré biodlare.

## Botten och ingång

Jag använder Warrés design på kupbotten. Jag har emellertid tillverkat några nätgolv med draglådor under för att kunna göra 72 timmars mätningar av Varroa nedfall, som ett grovt mått på kvalstermängden. Dessa bottnar är även användbara som ventilation vid förflyttning.

Fig. 10: 1 Nätbotten

Det har varit en hel del diskussioner bland deltagare i Warré biodlingens e-grupp angående modifikationer beträffande botten[218] Jag har inte testat någon av dessa men jag presenterar dem här så man kan bilda sig en egen uppfattning, särskilt de olika bakomliggande principerna:

1. Nät som tillåter levande kvalster att trilla ut och ner på marken eller ner i en låda som även kan bekläs med något klibbigt

2. Ersatt botten och ställning med en låda, som flera av dess företrädare kallar "sump". Denna kan a) ha ett nät över sig i nivå med botten av den inskjutna ingången. b) vara öppningsbar bakifrån för städning. c) innehålla material som sågspån som kan suga upp fukt.

3. Ersatt botten och ibland ställningen mot en låda som kan användas för att sätta in en foderkopp eller en vinklad spegel för att kunna följa utvecklingen av vaxbygget i den nedersta lådan. Den kan också användas för att sätta in en ficklampa eller kamera. Denna modifikation bör ha en solid botten som lätt kan dras ut. Den tillåter även städning utan att lyfta kupan.

Fig. 10:2: Olika sumpar Foto Steve Ham, Spanien

Nätbottnar har rapporterats minska mängden Varroa i samhället[219] även om andra undersökningar har motsagt detta. (se Kap. 3 fjärde stycket) I kombination med en stängd låda undertill kan de användas för att följa vad som försiggår i kupan genom att undersöka det som faller ned igenom nätet, inte bara Varroa utan även täckning, gammalt pollen, vaxbitar och puppskal.

I naturliga bibon i ihåliga träd ligger ca 20 % av boet vanligen under ingången.[220] Om man tar det som utgångspunkt kan det vara befogat med en sump. Jag vill emellertid varna för att låta någon del av kupan som kommunicerar med yngelrummet vara oåtkomlig för bina, eftersom det kan ge möjlighet för skadedjur som vaxmott att utveckla sig och sedan orsaka större utmaningar för bina. Tex kan man hitta vaxmottskokonger i springor och vrår under nätbottnar. En sump kan också göra det svårt för bin att städa ut döda bin och annat som kan orsaka sjukdomar. Vidare kan en sump som innehåller fuktuppsugande material snart bli mögliga. Å andra sidan vet man att ihåligheter i träd är helt täckta med propolis.[221] Där bin har tillgång till den lösa fyllningen i sumpen har man funnit att bin lägger ner stor möda på att dra ut den ur kupan. Om man har ett nät kan de inte det.

En del versioner borde göra det lättare för myror att etablera sig och leva av det rika bytet ovanför dem.

Fig. 10:3: Roger Delons botten

En modifikation som jag tycker det är värt mödan att fundera över är att ordna så att en lutning uppstår mot flustret bakifrån så att kondensvatten kan rinna ut. Jag har haft pölar av vatten längst ner i några av mina kupor. Oklart varifrån detta har kommit, om det är regnvatten som runnit in under den understa lådan eller om det varit kondensvatten som runnit utmed väggarnas insidor. Jag har vanligen klarat av det genom att luta kupan lite grann framåt med hjälp av en kil. Jag kan luta kupan på detta sätt eftersom jag har vaxkakorna riktade kallvägs hela året runt och kan på så sätt undvika att vaxkakorna inte hänger parallellt med väggarna. Roger Delon som sköter 600 kupor i Vosges i Jurabergen har modifierat dem så att alla hans bottnar lutar mot ingången. Dessutom ökar han på öppningen på sommaren helt enkelt genom att skjuta fram kupan lite på bottnen.

I områden där det finns djup snö under många veckor kombinerat med låga temperaturer är det vanligt att man har gjort små öppningar i de övre lådorna. Detta för att bina skall ha alternativ om de lägre öppningarna skulle blockeras, vilket kan hända på två sätt. Det ena är risken att ingången kan blockeras av döda bin och bina inte kan lämna klustret på grund av kylan för att städa ut dem. Det andra är att snö kan täppa för en lägre ingång. Övre ingångar på Warré kupor med borrade hål på 20 mm har fungerat tillfredställande.

## Lådor

En självklar förändring är att göra lådorna tjockare, medan man har det inre måtten konstanta och anpassar de andra delarna efter dem. Tjockare virke är inte nödvändigtvis dyrare än tex 20 mm hyvlat virke och ger bättre isolering mot fluktuerande temperaturer. Hittills har jag bara sett 50 mm och det var i Alberta. För att efterlikna genomsnitts tjocklek hos väggar i ihåliga träd borde de vara 150 mm.[222]

Den vanligaste modifikationen av Warré lådor, vilken också finns att köpa i handeln, är att sätta fönster i dem. Vanligen är de placerade på baksidan. Många kupor som uppfunnits av Warrés föregångare har fönster i sina lådor, som tex Johan Gedde på 1600-talet. Den vanligaste designen med fönster bland Folkets Kupor är den som Frèrès et Guillaume designat.[223] Fönstret är ett 4 mm tjockt glas som sitter i 4 x 7 mm urfräsningar i fönsterramar överst och underst på lådans baksida. Ritningar till en sådan låda finns i Appendix 2.

Fig 10:4: Insyn i en tom Warré låda genom fönster

Fönster är säkerligen frestande för nybörjare eftersom de tillåter att man följer samhällets utveckling relativt enkelt. Jag gjorde mina första 6 kupor med fönster, men om man har en assistent eller en lift, kan man sätta under lådor vid rätt tillfälle utan fönster. Ett alternativ är att borra små titthål på ca 40 mm i varje låda. De är pluggade största delen av tiden, men tillväxten av vaxbygget kan kontrolleras då och då med en liten ficklampa. En del Warré biodlare går så långt att de använder dessa hål som ingångar och stänger de övre hålen när kupan växer neråt.[224]

Fig 10:5. Warré kupa med ingång i varje kupa med reglerbara ingångar.

Den mest radikala avvikelsen från Warrés design har ökat antalet sidor i lådorna. Sålunda har det dykt upp ett antal modifikationer som behållit det ursprungliga konceptet – smalt inre format och att låta kuporna växa nedåt - i vilka lådor med sex, åtta, tolv, sexton och ett oändligt antal sidor använts, de senare kuporna blir naturligtvis runda. Denna förändring påverkar bottens form men inte nödvändigtvis taket.

Den inre arean har hållits till 900 cm2 eller anpassats till andra önskemål designern haft. En enkel förändring är att sätta trekantiga träblock i de fyra inre hörnen på en låda med måtten 300 x 300 mm, då får man ett åttkantigt inre. Detta minskar arean, men med tanke på att ihåligheter i träd där samhällen byggt har en genomsnittlig diameter på bara 225 mm[225] är minskningen förmodligen oproblematisk. Det innebär dock att yngelklotet får en längre vertikal form.

Med lådor på mer än fyra sidor, är svårigheten att få hållbara sammanfogningar i hörnen. En lösning är att ha överlappande hörn (se Fig. 10:7) Denna metod används i en design i Ungern som är inspirerad av Johan Geddes åttkantiga kupa.[226] Den sköts som en Warré kupa och låter samhället bygga nedåt, men den kan även staplas uppåt.

Fig. 10:6: Åttkantig kupa. Foto: Csuja Làszlo, Ungern

Andra lösning på hopfogningar (se Fig. 10:7) kräver mer avancerade kunskaper och maskiner.[227] Lådorna pressas ihop med en eller två spännband medan limmet torkar. En handöverfräs används till urfräsningen för topplister.

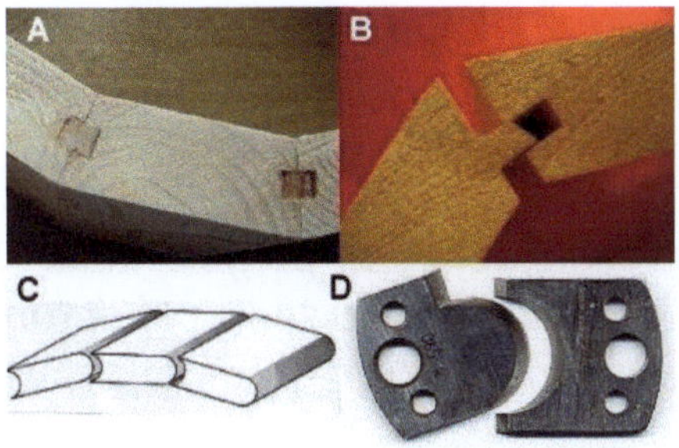


Fig. 10:7: Olika hopfogningar

Gilbert Veuille har designat en stapelbar kupa som är alldeles rund precis som en halmkupa. Väggarna har gjutits med en blandning av gips och halmhack. I Kap. 3 nämnde jag att den runda formen är särskilt önskvärd ur binas synvinkel. Warré skriver:

*Den kvadratiska formen är den som mest liknar en cylinder, vilket är idealet eftersom den gynnar fördelningen av värme inne i kupan, men en cylinder är inte så praktisk.*[228]

Veuilles cylindrar (kransar) är stabila och åtskilliga kan staplas på varandra, vilket är svårare med halmkransar. Cylindrarna väger 5 kg och gjuts i en form och har en förväntad livslängd på 10-15 år.[229]

Veuille har gjort följande kommentarer till sin cylindriska kupa:

*Eftersom kupan inte har några ramar, vilka belastar kupan med en massa virke och artificiella springor och vrår, har bina total kontroll över sin bostad och av det följer:*

- *Att åtta vaxkakor blir byggda utan avbrott i hela kupans höjd. Höjden beror på hur många "kransar" den har och den har sällan tvärgående passager.*

- *Vaxkakorna är bara fästade i väggarna på några få ställen; den inre trafiken sker till största delen runt denna yttre passage.*

- *I och med att den saknar inre hörn, finns ingen plats för eventuellt mögel, utveckling av smittbärare eller invasion av parasiter etc.*

- *Det synliga resultatet visar på god hälsa i samhället som bevisas av den totala frånvaron av svampsjukdomar och utpräglat tidig utveckling av samhället under de första vackra dagarna i mars.*

Fig. 10:8: Cylindrisk kupkrans gjuten i

en blandning av gips och halmhack

## Topplister

Att fästa topplister på det sätt Warré föreslår gör det något svårare att flytta vaxkakor om detta skulle bli nödvändigt. En lösning är att såga in jack i topplisternas ändar och trä på dem på små spikar i urfräsningen som visas på bilden. En annan lösning är att använda tändstickor istället för spikar. Dessa kan brytas för att underlätta rengöring och hålen borras upp igen. Åter andra biodlare har tryckt fast dem i en droppe bivax eller kilat fast dem med tändstickor som kilas in mellan topplisterna och lådkanten.

Fig. 10:9: Topplister med jack och småspik, Foto: Larry Garrett

En del Warré biodlare experimenterar med nio istället för åtta topplister per låda. Orsaken till detta är att vilda samhällen ofta har c/c så tätt som 30 mm (avstånd mellan mitten av kakorna) och bin som bygger små celler på mindre än 5 mm tenderar att ha tätare avstånd. För att försäkra sig om att bina bygger nio vaxkakor är det viktigt att man har startremsor på topplisterna. Det har ibland förekommit uppgifter om att bina inte bygger ner in i nästa låda i vissa Warré kupor. Jag har visserligen sett att stor variation har förekommit i hur fort samhällen bygger men har vanligen ansett det bero på drottningens kvalité; hälsotillstånd och genetik i samhället; nektarförekomst; väderförhållanden; tid på året och kvalitet på vaxbygget etc. Jag anser inte att det är ett problem och Warré nämner det inte ens. Han fäller emellertid en kommentar beträffande detta som kan vara relevant:

*Detta arrangemang ger en spalt på 13 mm mellan lådorna. Av dessa 13 mm utgörs 9 mm av topplister och 4 mm av det gap som bina lämnar under vaxkakorna. Det motsvarar tjockleken av ett bi. De kan inte bygga längre ner på vaxkakorna eftersom deras egna kroppar är i*

*vägen. Gapet passar bina under vintern eftersom det underlättar kommunikationen inne i klustret. Om gapet inte fanns skulle bina skapa hål tvärsigenom vaxkakorna precis som de gör i ramkupor. Jag anser trots det att gapet är ett minus eftersom bina måste slösa värme på det under våren. Det är ett enda minus och dessutom litet i jämförelse med de fördelar som blir följden av arrangemanget. En mindre defekt än de moderna kuporna har där bina måste värma betydligt större tomrum i onödan.*[230]

Han bekymrar sig här över den värmeförlust som orsakades av att han delade sin från början 400 mm djupa låda under utvecklingen av sin kupa till två 200 mm djupa lådor. Faktum kvarstår emellertid att bina kan uppfatta raden av topplister som en ”falsk botten” åtminstone under en tid, och hindras att bygga nedåt. Flera föregångare till Warré som Johan Gedde täckte den översta delen av sina lådor med en skiva med hål i mitten[231] I Geddes fall var det 100 mm i i kvadrat. Detta tillät de mittersta vaxkakorna att växa ner i nästa låda och upprätthålla kontinuiteten i kupan. När man tog bort lådan stängdes hålet med en skiva som skar igenom allt vax som förenade lådorna.

Ett sätt som kan undvika detta problem är att orientera topplisterna så att deras bredaste sida hamnar vertikalt. Gilbert Veuille använder denna orientering i sina cylindriska Warré modifikationer.[232] Det används också av Viktor Shapkin, en biodlare i Ryssland som tillämpar naturlig biodling.

Fig. 10:10: Vertikala topplister i en åttkantig låda och i en stockkupa (infälld bild)

Foto: Dietrich Vageler, Brasilien och –Viktor Shapkin, Ryssland

Urskärningar kan göras som stöd för topplisterna i lådkanterna mitt emot varandra som på bilden. Detta öppnar upp gapen mellan topplisterna från 12 till 27 mm. Dessutom blir dessa stabilare med denna orientering. Denna metod håller på att utvärderas i Warré kupor när den här boken skrivs. Den mest radikala avvikelsen från Warrés toppslister är att slopa dem och använda spjälor och fästa dem i kupväggarna. I biodling med halmkupor trycks sådana spjälor in igenom väggarna innan kuporna befolkas. De används för att stödja upp vaxkakorna. När man använder spjälor i Warré kupor har bara den översta lådan stöd överst av en skiva eller vanliga topplister och en isoleringslåda. När man använder endast spjälor tillåts bina att bygga vax helt fritt och naturligt. Det skapar större svårigheter för biodlaren eftersom lådorna måste skäras av med en ståltråd med handtag. Detta är dock helt möjligt förutsatt att det görs försiktigt. Ståltråden dras längs med vaxkakorna hellre än tvärs över. Om man trycker in kilar under lådkanterna efter att ha bänt upp dem med en kupkniv blir det lättare. Denna metod har använts i århundraden i Japan i biodling med *Apis cerena* och lådor som liknar Warrélådor.

Fig 10:11: Låda med spjälor och skörd av honung i Japan[233]

## Ramar

*Folkets Kupa med ramar*

I vissa länder kräver lagen att vaxkakor kan flyttas lättare i någon sorts ram. Hur en ram skall vara preciseras vanligen inte och skulle förmodligen kunna vare en topplist som inte är fäst med stift. I praktiken förväntas att ramen skall kunna flyttas på det hårdföra sätt som används med ramar som omsluter hela vaxkakan. Även om vaxkakor på topplister kan flyttas, som vi har sett, krävs större försiktighet. Vissa inspektörer kanske inte är så glada för att behöva gå igenom en hel bigård med bara topplister. Hur som helst kan man göra en kompromiss i Warré biodling. Det är Folkets Kupa med ramar. En översättning *Biodling för Alla* av Warrés 5:e upplaga finns på svenska där konstruktionen av dessa beskrivs.[234] Warré skrev:

*Nu för tiden rekommenderar jag utan tvekan Folkets Kupa med topplister, även till yrkesbiodlare……Med respekt för mina läsares frihet beskriver jag emellertid nedan kupans tre former med topplister, vanliga ramar och öppna ramar med ändarna stängda, halvramar.*

Denna ramversion behåller alla andra detaljer såsom säckvävsduken, isoleringslådan liksom även metoden att sätta under lådor. Säckvävsduken och isoleringslådan hjälper också till att hålla kupvärmelukten kvar. Den lämnar vaxkakorna öppna eftersom den får en bigång mellan ramarna och lådväggarna. Kupans outnyttjade utrymme ökar, liksom det ekologiska fotavtrycket som ramarna orsakar. I Marc Gatinaus[235] och Gilles Denis[236] versioner minskar detta genom att ha ramar endast 7 mm tjocka.[237]

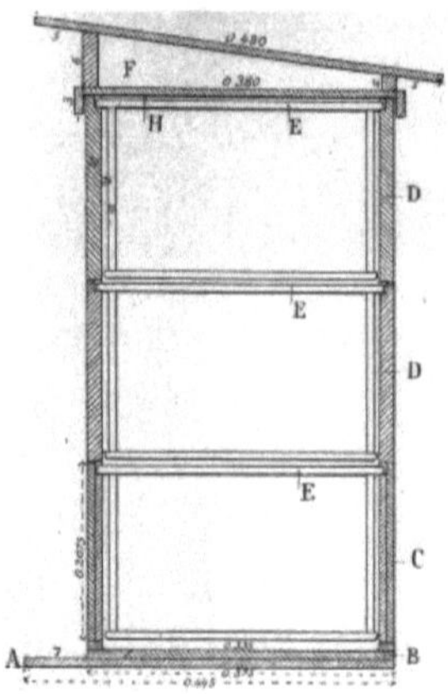


Fig: 10:12: Folkets kupa med ramar och ett förenklat tak[238]

*Roger Delons ramar*

Roger Delon utvecklade en modifierad topplist på vilken han fäste en u-formad 3 mm rostfri ståltråd som omger de tre övriga kanterna på vaxkakan.[239] Hans främsta skäl för att öka stabiliteten var hans extensiva vandringsbiodling i Vosges och Jura med 600 bikupor. Ståltråden är osynlig för bina så till vida att de så småningom blir inbäddade i vaxkakorna och dessa går ända intill väggen. De enda invändningarna mot dessa gäller det ekologiska fotavtrycket av stål och att konstruktionen ökar komplexiteten och kostnaderna.

Fig:10:13: Delons ram

Fig:10:14: Gilles Denis halvram

*Gilles Denis halvram*

Gilles Denis, som också är en storskalig vandringsbiodlare med modifierade topplistkupor, lade märke till att när bina fäste vaxkakorna i väggen i hans topplistkupor var det vanligt att de gjorde det bara i de översta kanterna. Han tillverkade därför en halvram med en topplist med två sidolister 90 mm långa. Han använder dessa bara i sin avel och använder vanliga plana topplister i honungsproduktionen.[240] Som vi nämnde tidigare prövade även Warré en ram utan bottenlist.

Fastän halvramar har förnyelsebart material, nämligen trä, går de inte riktigt ihop med Thürs tankar om att behålla kuplukt och värme eftersom vaxkakorna hindras att bli fästade i väggarna i ytterkanterna. Halv ramar är emellertid mer värda ur hållbarhetssynpunkt och resursförbrukning än Delons stålramar.

Fastän någon form av förbättring av topplisterna gör inspektion lättare, bör man komma ihåg att en bigård med tex bara tre samhällen kan ha ett dussin eller fler yngellådor att gå igenom för en inspektör. Det skulle vara mer ekonomiskt försvarbart att göra sjukdomskontroll i dessa kupor genom stickprov på bin från kanterna på vaxkakorna och skicka dem på analys.[241]

## Säckvävsduk, isoleringslåda och tak

Som ett alternativ till säckväv, har en del biodlare myggnät över topplisterna.[242] Detta måste vara tillräckligt robust för att bina inte skall gnaga hål på det och tillräckligt fint för att bina inte skall kunna krypa igenom. Vanligen används nät med 2-3 mm mellanrum. Bina täcker det vanligen med propolis på undersidan. Både Warré[243] och Guillaume[244] observerade att bina täcker av propolisen för att förbättra den lokala ventilationen. Jag har ännu inte lagt märke till detta på något av de dukar jag tagit bort. Endast undantagsvis har samhällen gnagt några små hål i duken, men inte igenom duken under isoleringslådan. Om detta är för att förbättra ventilationen eller på grund av dålig mjölpasta, är oklart.

Förändringar av isoleringslådan har ibland inneburit att man helt tagit bort den som i Roger Delons ”Stapelbara Klimat Kupa” Över säckvävsduken finns två skivor en ena över den andra och innesluter ett luftrum. Tjockleken på denna enhet är 30 mm.

Åtskilliga Warré biodlare använder inte Warrés tvådelade tak. En orsak till detta är att man vill göra kuporna lättare att transportera. Warrés tak har två design principer vilka vanligen inte finns i andra takkonstruktioner. En är det väldigt välventilerade utrymmet under de yttre kanterna av skivorna som skyddar från solens hetta. Den andra är att man använder trä istället för metall för att undvika att bina störs av trummandet vid regn eller hagel.

Ett antal nytillkomna Warré biodlare, mig själv inberäknat, förvånades över att det ventilerade utrymmet inte kommunicerade direkt med isoleringslådan. Kupan är egentligen inte konstruerad att skapa en skorstenseffekt d.v.s. en luftström genom isoleringslådan. Om det finns en fukt- eller luftström från kupan ut genom isoleringslådan är det bara genom springor under träskivan i taket. För att öka ventilationen eller åtminstone fuktvandringen har en del gjort små hål i träskivan eller använt en perforerad masonitskiva.

I subarktiska trakter har det diskuterats en del om kondens kan byggas upp i en isoleringslåda, frysa till och sedan droppa ner på bina under våren. Detta har vad jag har inte funnit bekräftat i någon rapport. Jag har kontrollerat alla mina isoleringslådor efter den kallaste vinter och bara vid ett tillfälle, av 15 möjliga, hade två haft något förhöjd fuktighet i de översta 10-15 mm av kutterspånsfyllningen. Djupare ner var det alldeles torrt. Detta har bekräftats av andra.

Frèrès och Guillaume har publicerat en klurig förändring av Warrés arrangemang i de översta delarna av kupan.[245] De har tagit bort isoleringslådan och använder ett snedtak som är tillräckligt djupt för att rymma en 50 mm polystyrenskiva och en foderkopp. Skivan är fastsatt i den övre delen av en säckvävsduk vilken i sin tur är fästad på insidan av takets vägg så att isoleringen kan röra sig upp och ner inuti taket. När det inte finns någon foderkopp vilar den på topplisterna. När en foderkkopp satts in innan taket sätts på, skjuts säckvävsduken och isoleringen uppåt. Detta medför att isoleringen finns på plats under fodringen.

Taket ovanför isoleringen är väl ventilerat åt alla fyra sidor. Detta arrangemang används av biodlare i Frankrike men har ännu inte kommit till användning i andra länder.

I en förnyad version har Frèrès och Guillaume ersatt polysteren skivan med isolering av biofiber, d.v.s. förnybar.

## Kupställning

I Warrés egen design sitter kupans ben, gjorda antingen i järn eller trä, ihop med botten.[246] Båda är konstruerade så att de fördelar kupans tyngd så mycket som möjligt utanför kupans bottenarea och att de hindrar att den sjunker ner i marken. En del konstruktioner jag sett, har förbisett dessa råd och bara skruvat dit enkla ben i botten, vilket ibland resulterat i att kupan fallit åt sidan.

Warré föredrog också att ha kupan nära marken med ingången på 100-150 millimeters höjd. Han hävdade att kupan skulle bli mindre utsatt för temperaturfluktuationer och vindstötar. Trötta dragbin som vilade på marken skulle vidare kunna ta sig tillbaka in i kupan, särskilt vid stark blåst.

Jag använder löstagbara ställningar 300 mm höga till mina kupor. Se bild. Jag har inte lagt märke att det är några problem för återvändande dragbin. Alla fyra benen står utanför bottenarean så den är väldigt stabil, vilket är mycket viktigt i min bigård som är utsatt för stark vind och marint klimat. Ställningen kan ofta tillverkas av restvirke på ett hållbart sätt. För att öka stabiliteten har jag lagt återvunna betongplattor minst 450 x 450 mm under ställningen. Ett enkelt alternativ är att ställa kupan på lecablock, gärna återvunna.

Fig. 10:15: David Heafs kupställning

## Att lyfta ur topplister med vaxkakor

De flesta Warrébiodlare föredrar att inte lyfta ur dem alls. Vi har emellertid redan diskuterat kompromissen med att använda ramar eller halvramar för att underlätta inspektion. Här skall vi se hur man lyfter ur topplister med vaxkakor. Oavsett om vaxkakorna sitter parallellt och inte tvärsöver listerna, är det omöjligt att lyfta ur dem utan att skada dem. Vaxkakorna är i regel fästade i väggarna åtminstone halvvägs ner i lådan. Dessa infästningar måste skäras av med en kniv. Även om det kan ske underifrån genom att luta lådan på sidan, är det lättare att göra det ovanifrån med Bill Woods kniv formad som på bilden.

Fig.10:16: Kupkniv. Närbild infogad. Foto: bill Wood

Knivbladets tjocklek är ca 1.25 mm och längden mellan 28 och 32 mm. Den är smidd i rostfritt stål av en 6 mm tjock stång. Den kan även formas genom att böja stången 90 grader och slipa bladet vasst. I det senare fallet, förutsatt att böjningen inte har försvagat stålet, kan man få ett tunnare blad. Den används för att lösgöra vaxkakor från väggarna vid inspektion eller vid skörd.

Kniven sticks in uppifrån mellan vaxkakorna med skaftet tätt mot insidan av kupan med bladet vänt ut från väggen. Ett märke på skaftet markerar hur djupt man får gå innan man stöter på nästa låda. Sedan vrids kniven 90 grader och dras uppåt, så att infästningarna skärs av. Det är viktigt att man skär uppåt mot topplisten och undviker nedåtgående rörelse som kan få vaxkakan att lossna från listen.

När kniven når listens undersida, vrids bladet igen, och skaftet lyfts ur lådan med bladet parallellt med vaxkakorna. Bladet har på detta sätt vridits 180 grader under operationen.

Fig. 10:17: Vaxkaka från Warrékupa inspekteras

## Områden med exceptionell nektarförekomst

Biodling med Warrékupor i sådana områden har visat sig vara annorlunda, särskilt om nektarflödet är jämt fördelat under hela säsongen. I Alberta, Canada finns stora områden med högproduktiva grödor som alfaalfa, olika sorters klöver och i kombination med den allmänt förekommande rapsen utgör detta onaturliga förhållanden. De skulle aldrig kunna uppstå med en naturlig flora.

En föraning om att allt inte var som Warré beskrev det i sin bok kom 2008 och bekräftades under 2009. Bina fyllde upp sex lådor med vaxkakor mycket snabbt. Förlusterna efter vintern var bara 10% 2008 men steg till omkring 75% 2009/2010.

En noggrann granskning av samhällena visade att klustren hade begränsats till en smal honungsfri pelare upp genom hela kupan omgiven av en cylinder av honung. Man antog därför att nektar kom in så snabbt att bina deponerade mer honung än vanligt i periferin runt yngelklotet och på så sätt begränsat området där drottningen kunde lägga ägg. Detta resulterade i en honungsfylld yngelarea och en pelarliknande form på klustret som inte var värmemässigt effektiv under vintern.

Ett sätt att ta itu med detta problem är att vidga den inre diametern i lådorna och att försiktigt utöka med skattlådor uppåt. Se Addendum

# APPENDIX 1

## Tabell med värmekonduktivitet för olika material (W/m.K)

| | |
|---|---|
| Luft | 0,024-0,026 |
| Tom vaxkaka med ett lager bin | 0,027[247] |
| Kutterspån | 0,04-0,08 |
| Korl | 0,043 |
| Sågspån | 0,08-0,09 |
| Packad halm | 0,054-0,15 |
| Gran, furu | 0,10-0,14 |
| Ek | 0,15-017 |
| Gips | 0,48 |
| Glas | 0,63 |
| Jord, lera | 1,31 |
| Rostfritt stål | 16 |
| Stål kol 1% | 43 |

# APPENDIX 2

## Konstruktionsritning Folkets Kupa

Ritningarna som visas nedan följer så nära som möjligt de som Warré publicerade i den 12:e upplagan av *Biodling för Alla* (1948). I slutet av detta dokument finns en ritning på en låda med ett fönster designat av Frèrès och Guillaume (1997). Denna tas med eftersom många biodlare, särskilt nybörjare, uppskattar den för att följa ett samhälles utveckling. Vi varnar emellertid för att fönster ökar komplexiteten och kostnaderna för att inte nämna resursåtgången.

Ritningarna är baserade på 20 mm tjockt virke, det minimum som Warré rekommenderade som tillräckligt. Han rekommenderade emellertid 24 mm för att få ökad stabilitet. Tjocklekar på 38 och 50 mm har också använts i kallare klimat. Alla förändringar på lådornas tjocklekar bör utgå från de inre måtten 300 x 300 x 210 mm och kräver därför att alla andra komponenter bör räknas om, dock inte benen.

*Kupan*

Det finns ingen direkt passage för luften från kupans översta del till takets ventilation. Isoleringslådan (Quilt) är fylld med passande isoleringsmaterial av organiskt ursprung: kutterspån, hackad halm, torra löv etc. Det finns en säckvävsduk över topplisterna och även under Quilten för att hålla isoleringen på plats.

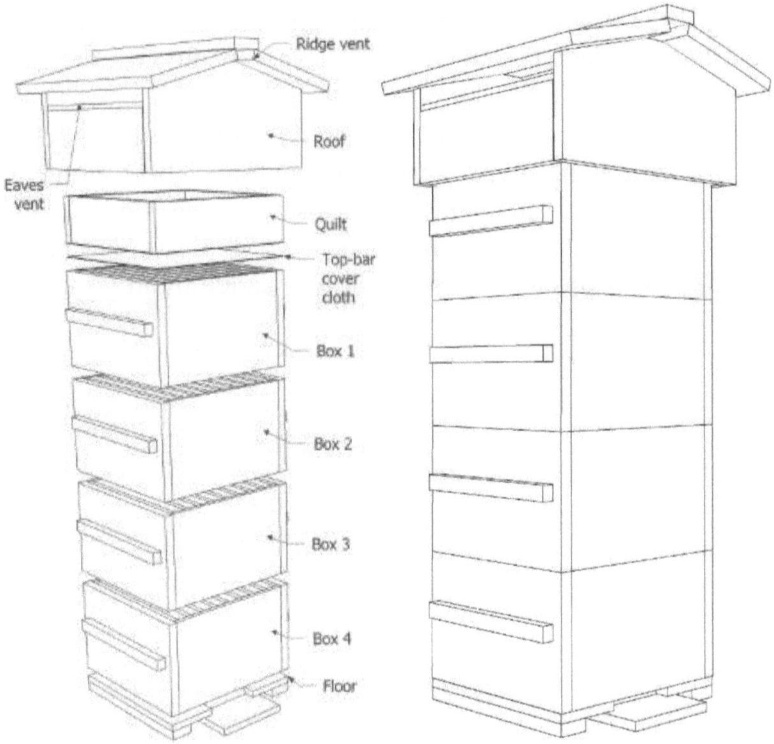


Fig. A.1 och 2: Folkets Kupa

*Lådorna*

Lådan är stötfogad i hörnen. Den kan spikas ihop med sju spikar 65 x 2,65 mm. Fyra skruvar av samma längd går också bra. Lim är onödigt. Andra fogar gör naturligtvis lådorna stabilare, men det ökar också komplexiteten. Alla springor fylls ut av bina. Det är bra om lådorna däremot inte ”gungar” utan sitter ordentligt ovanpå varandra. En rätvinklig montering är därför viktig. Om man är osäker, slå in spikarna lite i taget runt om.

Warré ger inga exakta mått på handtagen, men stavar på 300 x 20 x 20 mm fastspikade på tre ställen och limmade har fungerat bra, även när hela kupan har lyfts i den understa lådan. Den övre sidan kan snedhyvlas lite så regnvattnet rinner av.

Avståndet mellan alla topplister och mellan de yttersta listerna och väggarna är 12 mm. Urfräsningarna eller ursågningarna kan göras antingen med en handöverfräs eller med en handsåg, förutsatt att en stödlist monterats för sågningen. Warré föreslår att topplisternas längd skall vara 315 mm, men om de närmar sig 320 mm uppstår färre springor för skadedjur att gömma sig i.

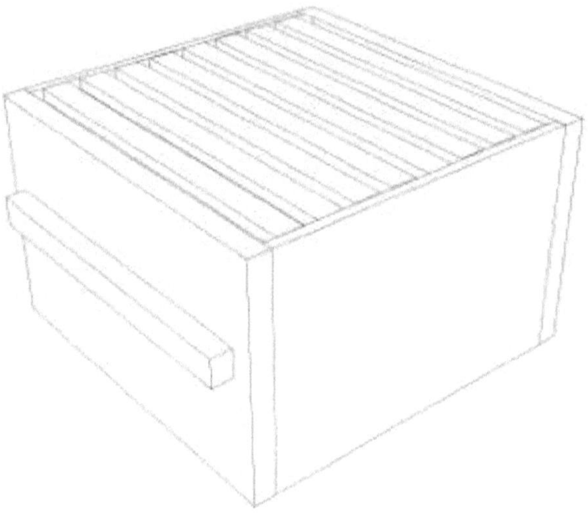

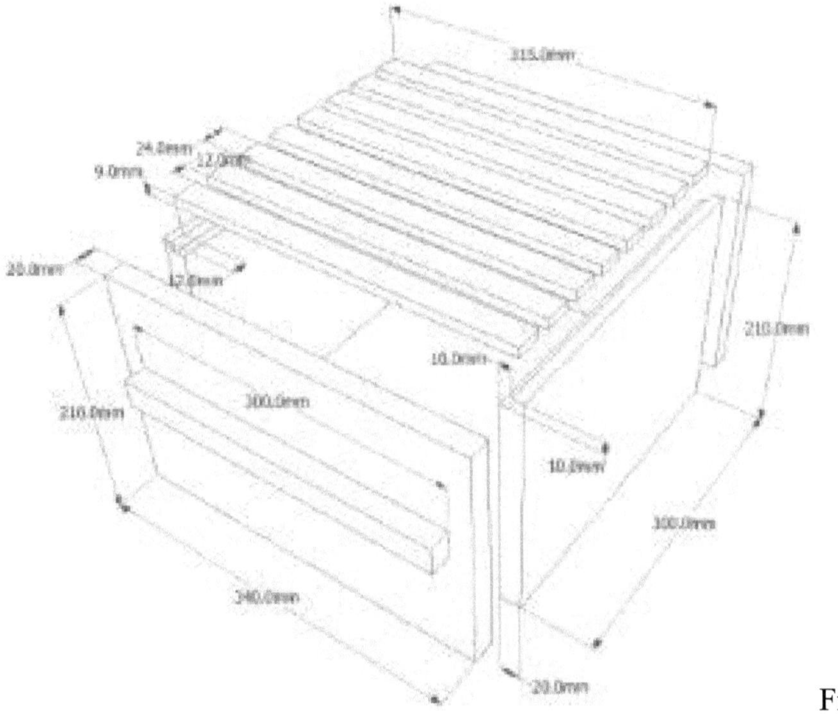

Fig A2.3 och 4:

Warré låda med sprängskiss

*Quilt eller isoleringslåda*

Väggarnas tjocklek kan vara så tunna som 10 mm eftersom endast taket vilar ovanpå. Den isoleringslåda som visas nedan har samma tjocklek som kuplådorna. Warré föreslog att de skulle vara 5 mm tunnare än lådorna för att säckvävsduken skulle kunna fästas på sidornas utsida runt om.

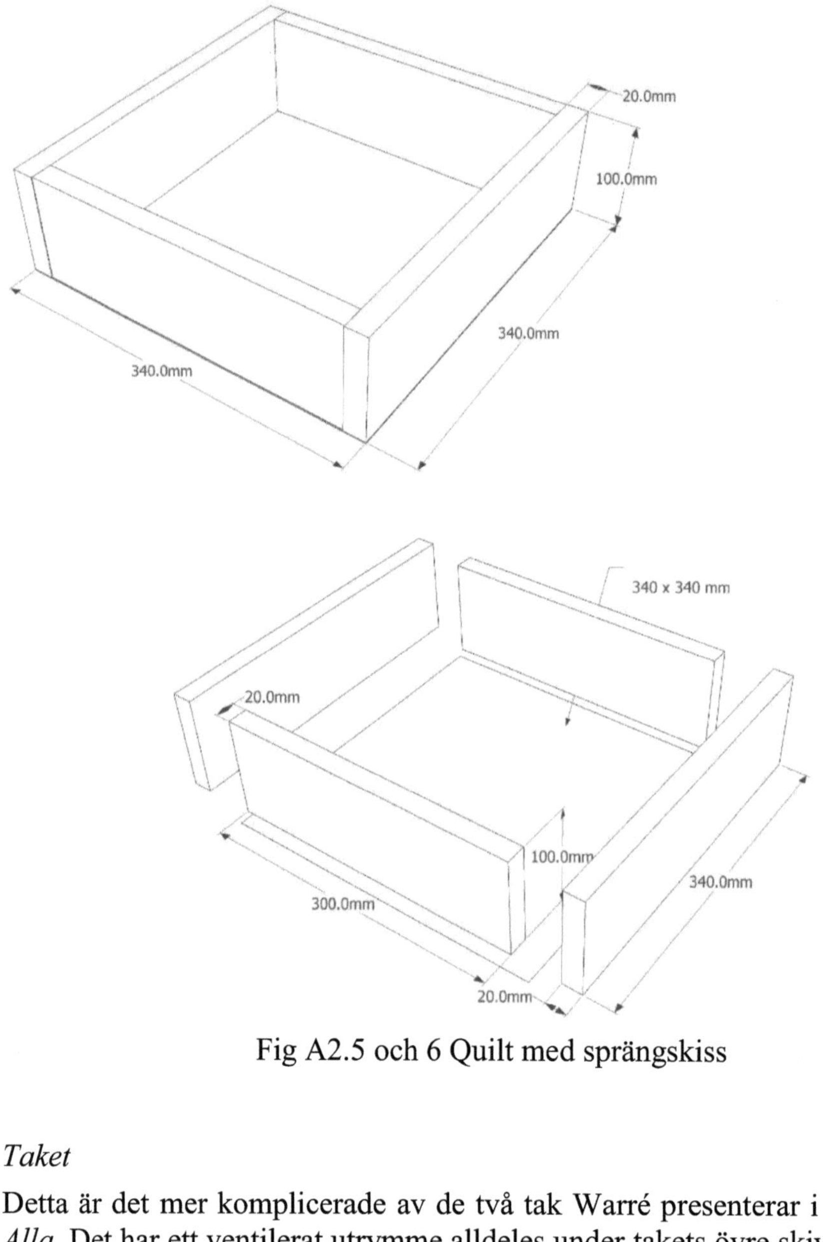


Fig A2.5 och 6 Quilt med sprängskiss

*Taket*

Detta är det mer komplicerade av de två tak Warré presenterar i *Biodling för Alla.* Det har ett ventilerat utrymme alldeles under takets övre skivor. Detta för att ventilera bort solvärmen. På insidan finns en täckskiva vilken vilar på quilten. Det finns således ingen kommunikation mellan quilten och det tomma utrymmet.

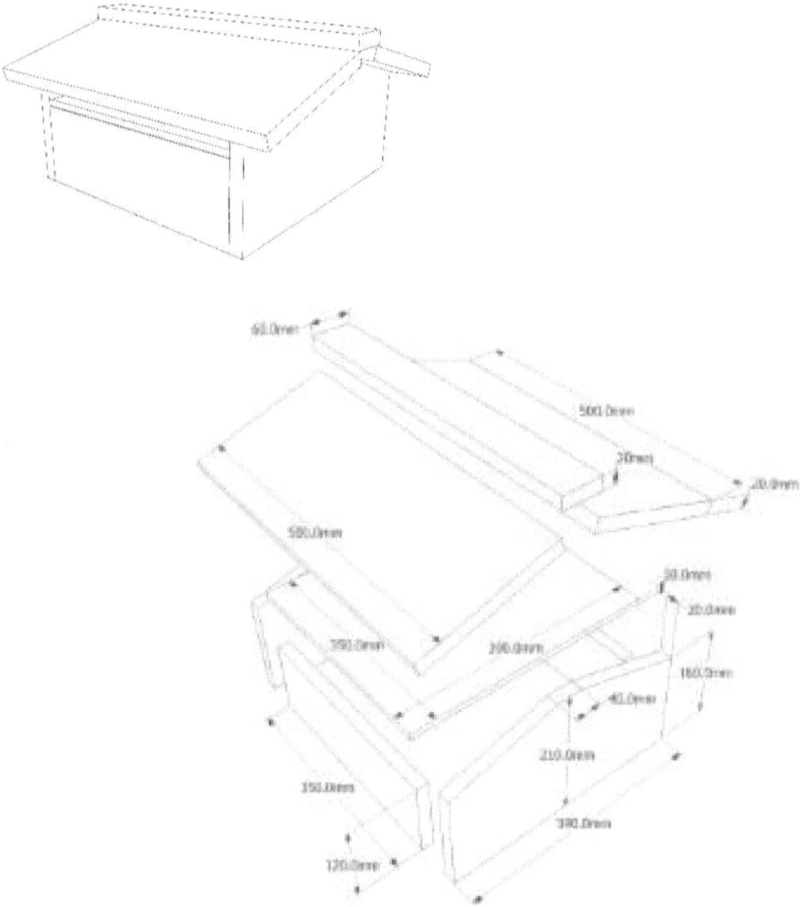

Fig A2.7 och 8 Tak med sprängskiss

Här visas ett exempel med 20 mm tjocklek, men 15 mm skulle kunna gå alldeles utmärkt och bli lättare. Det finns ett 10 mm mellanrum mellan takets insida och quiltens utsida för att underlätta av och påsättning.

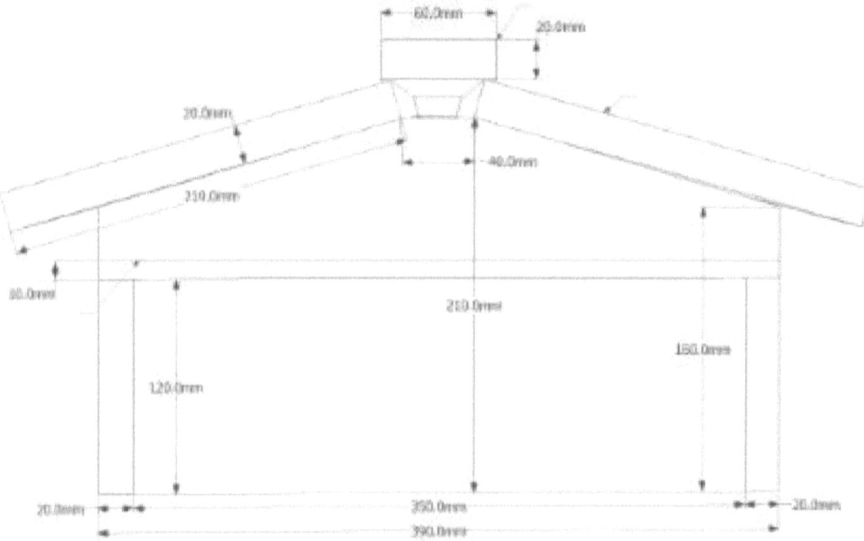


A2.9: Gavel

Fig. A2.10 visar en genomskärning av quilt och tak. Lägg märke till att den nedre kanten på taket täcker säckvävsduken på undersidan av quilten. Det hindrar regn vatten att rinna ner på den.

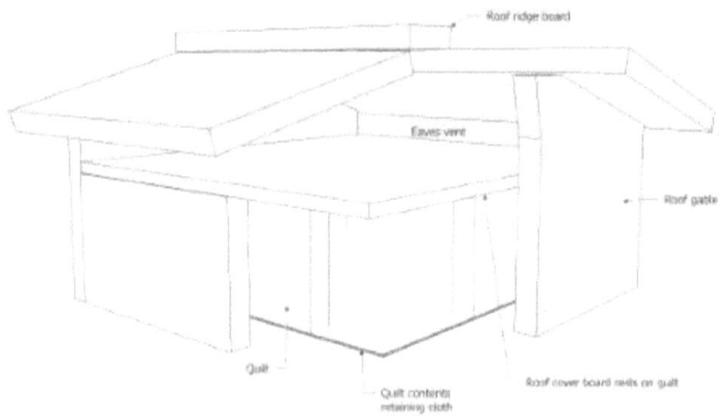


Fig.A2:10: Genomskärning av taket

*Kupbotten*

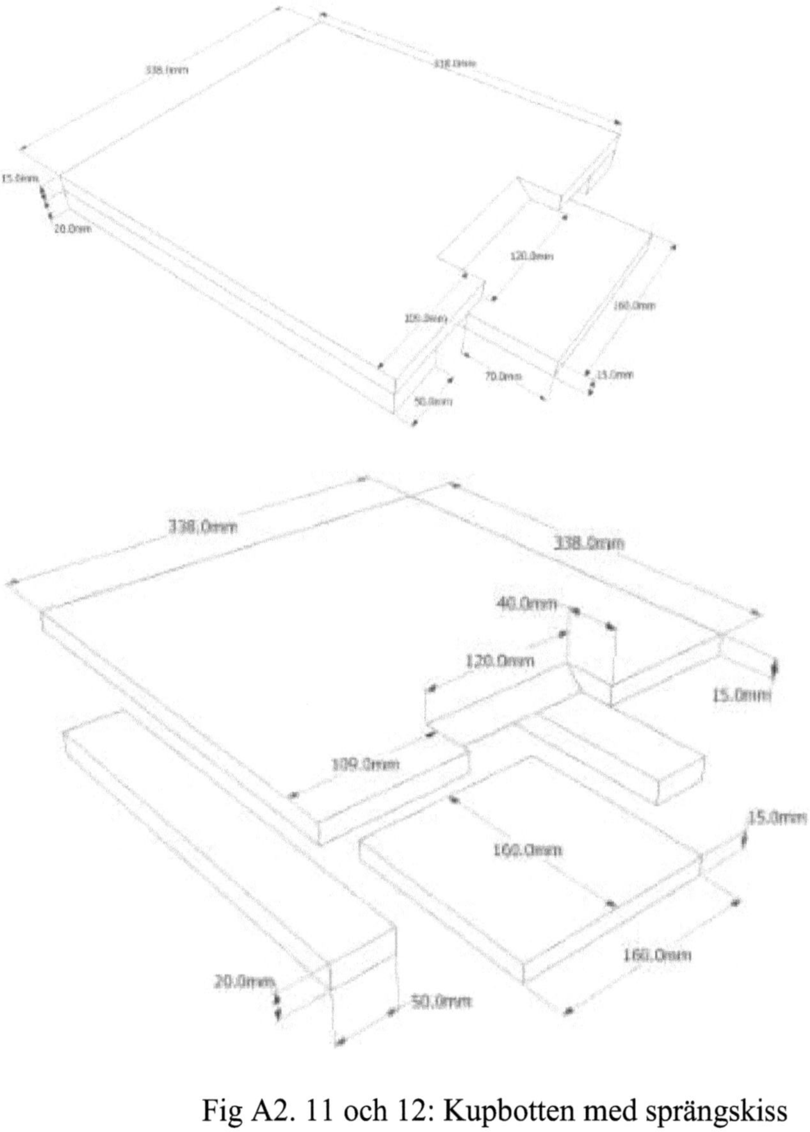


Fig A2. 11 och 12: Kupbotten med sprängskiss

Warré rekommenderade en tjocklek på 15 – 20 mm på botten. Han gav inga mått på reglarna undertill. Insågningen i botten fungerar som ingång och är 40 mm djup om lådväggarna är 20 mm tjocka. Om man vill kan det 160 mm breda flustret förlängas ända till bottens bakre kant för att få bättre stabilitet.
Lägg märke till att botten är 2 mm smalare i båda horisontala riktningarna jämfört med en kuplåda. Detta för att skydda mot regnvatten.

*Benen*

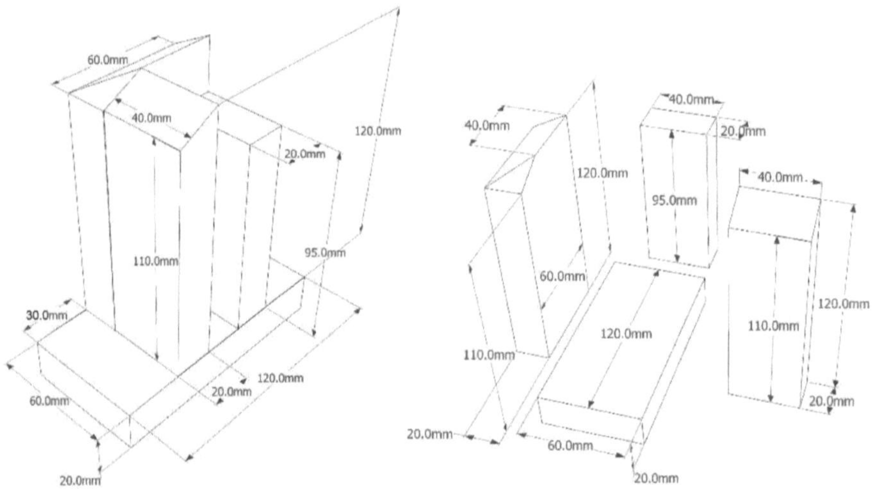


Fig.A2.13: Ben med sprängskiss

Benet har en bred fot för att hindra att kupan sjunker ner i marken. Vidare skjuter det ut 20 eller 30 mm från bottnenarean för att öka stabiliteten. Benen placerar ingången relativt lågt jämfört med vad som är vanligt i traditionell biodling. Warré ansåg det emellertid viktigt. (sid 46-48) I ritningarna ovan är det på den kortaste klossen (95 mm) som botten vilar. De snedsågade längre klossarna spikas från båda sidor fast i kupbotten med fyra spikar. Skillnaden i höjd mellan klossarna ar 25 mm och håller botten på 35 mm på plats. Om bottens tjocklek är lägre än 25 mm måste klossen på 95 mm förlängas något. Fötterna kan placeras på flera sätt tex spegelvända mot varandra.

*Låda med fönster och lucka*

Ritningen är designad av Frèrès & Guillaume (1997)

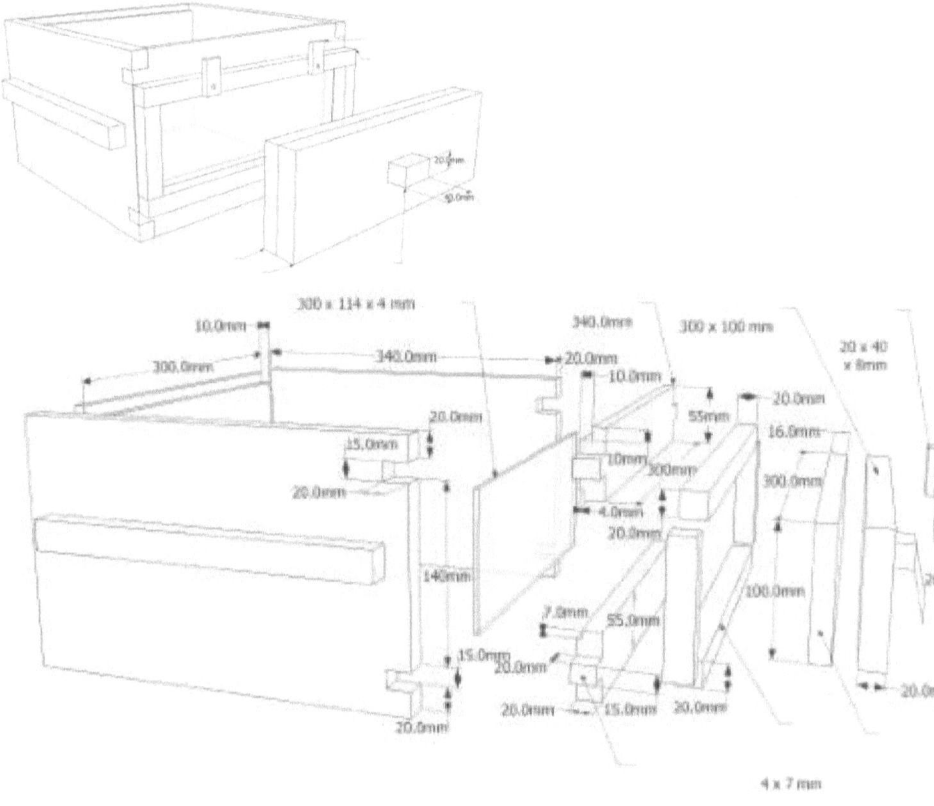

Fig A2.15 och 16: Låda med fönster med sprängskiss

Denna design placerar isoleringen tätt emot glaset. För att luckan inte skall kärva kan den göras en eller två millimeter mindre i båda riktningarna. I den här versionen är fönsterramarna gjorda med tappförband. Alternativt kan stötfog med tre skruvar användas.

# APPENDIX 3

## Ritningar till en Warré hiss

Eftersom Warré kupor utökas nedåt är det svårt att lyfta dem utan medhjälpare när den vuxit utöver två lådor. Eftersom varje låda har stadiga utskjutande handtag var det naturligt att designa en gaffelhiss som fångar upp kupan under handtagen. Hissen som beskrivs här fungerar i princip som en fransk giljotin. En skiva glider vertikalt i två skåror och lyfts med ett ankarspel. Skårorna och skivans kanter gnids in med bivax innan allt skruvas samman, för att säkra att de glider jämnt. Gafflarna monteras på skivan och kuplådan passar in mellan dem. Kupan kan lyftas från och med bottenlådan eller de två närmaste lådorna ovanför. Se Fig 9:10

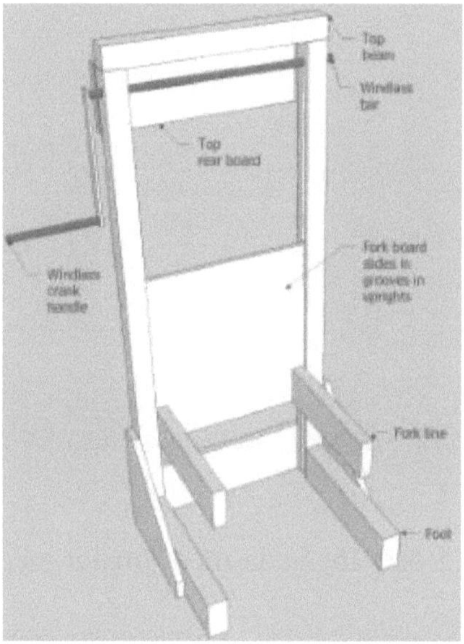


Fig.A3.1 3-D skiss av Warré hiss utan talja och rep

Fastsättningen av gafflarna kräver noggrannhet. På baksidan av den 13 mm tjocka skivan limmas en annan plywoodskiva som förstärkning med måtten 412 mm x 200 x 13 mm. Gafflarna, som måste var helt rätvinkliga i ändarna, limmas direkt på skivan med hjälp av tillfälliga stödklossar. Sedan skruvas de fast med två 100 x 6 mm träskruv i förborrade försänkta hål. Skruvarna doppas i lim innan de skruvas i för att få allt så tätt som möjligt.

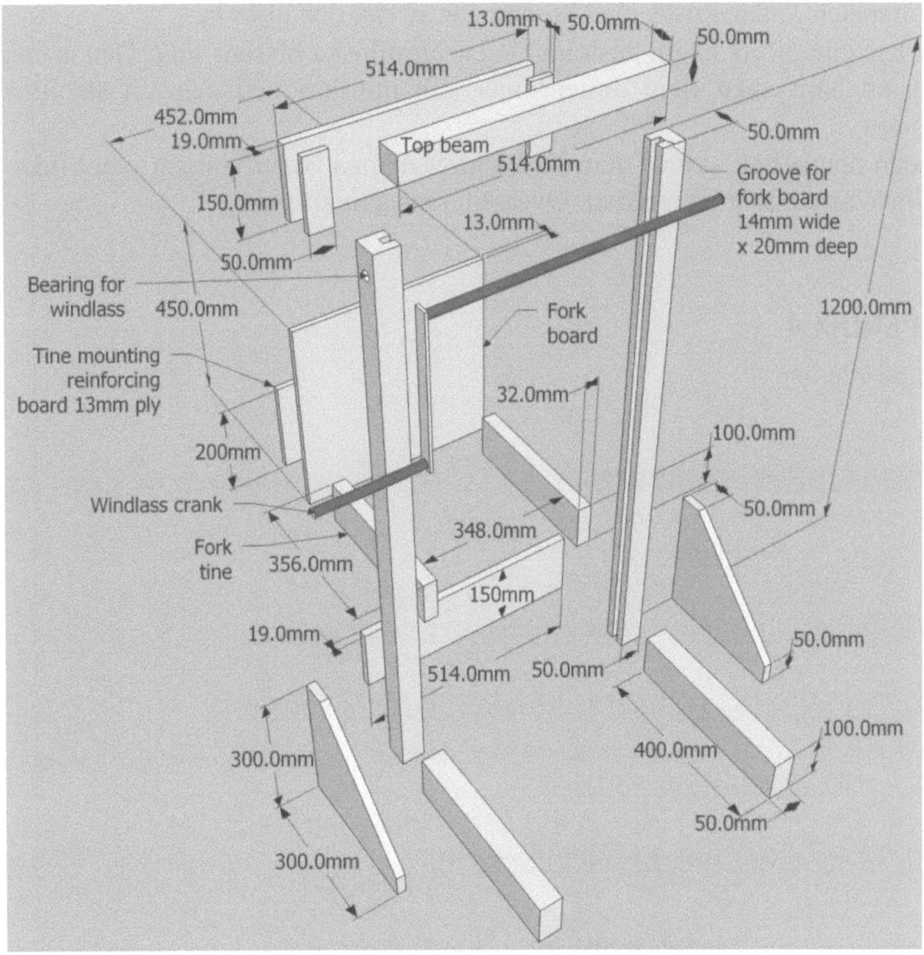


Fig. A3.2: 3-D skiss av Warré hiss

Den översta taljan binds fast i den övre regeln och den nedre i skivan. Repet binds fast i ankarspelet och träs genom de två dubbla taljorna och sist i skivan (se foto Fig. 9:10) Taljor är inte nödvändiga men det underlättar lyft av en hög stapel med lådor fulla av honung och tillåter att man kan avbryta vevandet på ett säkert sätt. Skivan på baksidan skjuter ut 13 mm så att repet och taljan går fria.

Ankarspelet och handtaget kan tillverkas av järnrör. För att öka hållbarheten kan ankarspelets ändar förses med bussningar av stål och oljas in.

Det har inte gjorts några ansträngningar att minska hissens vikt. Den är något tung att bära, men flera dimensioner kan minskas ned utan att stabiliteten minskar.

(Sedan denna bok skrevs, har det kommit många beskrivningar och bilder på andra Warré hissar på internet. Översättarens anmärkning.)[248]

## APPENDIX 4

*Tips på internet*

**http://www.bee-friendly.co.uk**

**http://warre.biobees.com**

**http://uk.groups.yahoo.com/group/warrebeekeeping**

**http://ww.dheaf.pluscom.warrebeekeeping/beeindex.htm**

**http://www.friendofthebees.org**

**http://www.naturalbeekeepingtrust.org**

**http://www.Beesfordevelopment.org/**

**http://www.save-bee.com/en/**

## ADDENDUM

*Kap. 1*

Ett antal konventionella biodlare har funnit min beskrivning av grundläggande attityder väl offensiv och har tolkat dessa som karaktärisering av vissa sorters människor. Man bör då lägga märke till att de fyra attityderna som presenterats inte bara är lika etiskt försvarbara utan att samma individ kan skifta från en attityd till en annan beroende på vad åtgärden gäller, omständigheterna och/eller deras erfarenheter. Eftersom människor är individer, dvs unika, och sålunda inte kan klassificeras i typer, är kategorierna som presenterades endast attityder som kan väljas allt efter vad var och en beslutar.

*Kap.2*

Emedan det är sant att bina kan kompensera för ökad värmeförlust alltifrån den skorstenseffekt i de två fall som just beskrevs till av vara helt utsatta för väder och vind i det fall bostaden hänger i en trädgren, kan biodlaren vilja minimera onödig värmeförlust eftersom det blir en kostnad i form av energiförlust och sålunda ställer krav på samhällets nektartillgång. Detta måste naturligtvis balanseras med en kupdesign med vilken bina kan kyla ner kupan i varmt väder.

*Kap. 3*

Den enda modifikationen för tropiska klimat som kommit till min kännedom hittills är att öka möjligheterna att kyla ner kupan. En biodlare har lagt till en nätbotten och tagit bort isoleringslådan.

*Kap. 3*

Leroys kupa med en kombination av halm och trä lyckas få kupan rund genom att använda halm mellan två lager fanér.

*Kap. 4*

En nyligen gjord analys av drönarnas värmeproduktion visade att de bidrar en hel del till värmeregleringen. (Kovac et al. 2009) Drönarna producerar ungefär en och en halv gång så mycket värme som ett arbetsbi. (Harrison 1987)

*Kap. 4*

För en överblick över alla publicerade arbeten om små cellers påverkan på Varroas reproduktion fram till 2011 se Heaf (2011).

*Kap. 4*

Efter en övergång till ekologisk biodling på tre år som innebar att 50% av vaxet ersattes med nytt vax, hade det nya vaxet fortfarande förekomster av akaricider, särskilt fluvalinat (Lodesani et al. 208) Denna undersökning visar hur svårt det är att bli kvitt pesticider som är lösliga i vax.

*Kap. 4*

De superparamagnetiska partiklar som har påträffats i celler under huden på binas bakkropp är sannolika receptorer för magnetiska fält. (Hsu et al. 2007) Om dessa partiklar utsätts för magnetiska fält orsakar de förändringar i binas storlek och även intracellulära elektrolytiska flöden vilka kan irritera nervbanor. Forskning på binas känslighet för magnetfält behandlas även i samma rapport.

*Kap*

En färsk undersökning i Les Landes, Frankrike, har funnit en ekotyp av *Apis mellifera* som har anpassat sin årliga yngelcykel till säsongsvariationer i den lokala floran. (Strange et al. 2009)

*Kap 7*

I en omfattande undersökning av pesticiders påverkan på honungsbin, varnade författarna för att tymol kan skada bin trots dess naturliga ursprung. (Johnson et al. 2010)

*Kap. 7*

Initiativ att få fram Varroatoleranta bin har hittat lösningar med varierande framgång i olika länder: Frankrike - John Kefuss (Kefuss et al. 2009); UK – Ron Hopkins; USA – Maria Spivak (Spivak & Reuter 2008) och Thomas Rinderer et al. 2010). Yrkesbiodlare, tex Kirk Webster, har i ökad omfattning använt sig av dessa framgångar och det finns också många ”icke behandlare” som har avlat på sina egna lokala samhällen som överlevt Varroa angrepp och fått vinteröverlevnadsprocent som de anser är tolererabla. Både Kefuss och Webster har anammat principer som länge använts i ekologisk avel med husdjur, nämligen att den bör vara lokal och införlivad i en helhet med hur husdjuren har sköts.

*Kap. 8*

En egenskap som det vanligtvis avlas på är lugna bin. Wray et al. (2011) har visat i en undersökning av samhällens ”personalitet” att ju defensivare samhällen är desto mer produktiva blir de, växer sig större och har en större sannolikhet överleva vintern. Dessa rön, som också andra lagt märke till, antyder att alltför stort fokus på individuella egenskaper kan orsaka en minskning av samhällenas hälsa.

*Kap. 9*

Under den exceptionellt hårda vintern 2010/2011 fördubblades mina förluster till 60%. Orsakerna var den att bina fortsatte med yngelproduktion långt in på hösten 2010 på grund av de utdragna och rikliga nektardragen från indisk balsam och murgröna; samhällenas storlek minskade under hösten p.g.a. Varroaangrepp, vilket minskade antalet vinterbin och slutligen den stränga perioder i november och december 2010 med temperaturer under -11 grader Celsius. De yngel som kläckts hade dött i sina celler i de flesta samhällen som gick under och små kluster av vuxna bin hade konsumerat enorma mängder honung. När jag skriver detta addendum är det samhälle som är på bild i Fig. 9: 24 i sin 5:e säsong och som varma dagar har samma livliga trafik på flustret som visas på bilden

*Kap. 10*

Det är i dag fortfarande för tidigt att rapportera hur samhällen i Warre´kupor beter sig med vertikalt orienterade topplister. Två experiment har visat att bin inte har några problem att fästa vaxkakorna på dem. Vaxkakorna tenderar att sitta längre ner på listernas sidor. Hittills har de alltid fyllts med honung. Det vore emellertid av stort intresse att veta hur vaxkakorna fortsätter från en låda ner i nästa. När denna övergång sammanfaller med yngelklotet är det inte sannolikt att yngelcellerna byggs mot topplisternas sidor. Detta kan skada yngelklotet mer än att ha horisontella lister. Det finns inga rapporter ännu om att Warré samhällen har byggt ner i lådan under med vertikala topplister.

*Kap 10*

Författaren tycker det underlättar att använda en enkel ställning som stöd för vaxkakor på topplister om de flyttas från kupan.

## Tack

Jag tackar Georg Burgess för att han föreslog att jag skulle börja med biodling och för hans generösa och vänliga mentorskap när jag började. Jag tackar Dr. Johannes Wirz (Goetheanum, Schweiz) för att han introducerade mig i Warré biodling, Bernhard Heuvel (Tyskland) för hans värdefulla råd gällande hållbar biodling och Phil Chandler (Devon) och Dr William Hughes (Wales) för att de erbjudit utrymme för att stödja detta arbete. Jag tackar också John Phipps, ansvarig utgivare av "The Beekeepers Quarterley" för att han föreslog en rad artiklar som gav upphov till denna bok, för hans hjälpsamma kommentarer och för att göra det möjligt för Warré biodling att bli känd i den engelskspråkiga världen. Att jag gav mig in på försöket att skriva den här boken har jag att tacka John Phipps, Jeremy Burbidge (Northen Bee Books), Maddy Harland (Permaculture Magazine) i kronologisk ordning. Maddys vänliga knuffar var det som slutligen fick mig att börja.

Jag tackar min fru Pat för hennes uppmuntran och värdefulla diskussioner under arbetets gång att skriva boken och professionella hjälp med manuskriptet. Hon var också delaktig i översättningen av Émile Warrés *Beekeeping for All.* Erik Berrevoets, Jérôme Alphonse och Heidi Hermann hjälpte mig med synpunkter på innehållet i texten och den detaljerade granskningen av manuskripten av John och Chris Haverson förbättrade det. Jag tackar alla fem varmt för deras hjälp. Eventuella fel som finns kvar tar jag helt ansvar för.

Jag tackar Dr. Naomi Saville för hennes värdefulla råd rörande passande kupdesigner i Jumla, Nepal. Sist men inte minst tackar jag de biodlare, mestadels medlemmar i Yahoo Warré English e-Group för den enorma mängd information jag fått. Jag har uppmärksammat några av deras bidrag på ett flertal ställen i texten, särskilt vad gäller foton om Warré biodling.

## REFERENSER


Alaux, C., Brunet, J-L., Dussaubat, C., Mondet, F., Tchamitchan, S., Cousin, M., Brillard, J., Baldy, A., Belzunces, L. P. & Le Conte, Y. (2009) Interactions between *Nosema* microspores and a neonicotinoid weaken honeybees (*Apis mellifera*) *Environmental Microbiology* **12**(3) 774-782.

Alaux, C., Ducloz, F., Crauser, D. & Le Conte, Y. (2010) Diet effects on honeybee immunocompetence *Biol. Lett.* Published online doi:10.1098/rsbl.2009.0986.

Atienza, J., Jiménez, J. J., Bernal, J. L. & Martin, M. T. (1993) Supercritical Fluid Extraction of Fluvalinate Residues in Honey. *J. Chromatogr.* **655**, 95-99.

Bailey, L. & Perry, J. N. (2001) The natural control of the tracheal mite of honey bees. *Exp. Appl. Acarol.* **25**, 745–749.

Baum, K. A., Rubink, W.L., Pinto, M. A. & Coulson, R.N. (2005) Spatial and Temporal Distribution and Nest Site Characteristics of Feral Honey Bee (Hymenoptera: Apidae) Colonies in a Coastal Prairie Landscape *Environ. Entomol.* **34**(3), 610–618.

Becher, M. A., Scharpenberg, H. & Moritz, R. F. A. (2009) Pupal developmental temperature and behavioral specialization of honeybee workers (*Apis mellifera* L.). *J Comp Physiol A* **195**, 673–679.

Berrevoets, E. (2009) *Wisdom of the bees – principles of biodynamic beekeeping.* Anthroposophic Press, NY.

Berry, J. (2009) Pesticides, Bees And Wax – Measuring the effects of the compounds we use. *Bee Culture* **137**(1).

Berry, J. A. & Delaplane K. S. (2001) Effects of comb age on honey bee colony growth and brood survivorship *J. Apicultural Res.* **40**(1), 117–122.

Berry, J. A., Owens, W. B. & Delaplane, K. S. (2010) Small-cell comb foundation does not impede Varroa mite population growth in honey bee colonies. *Apidologie* **41**, 40-44.

Bujok, B., Kleinhenz, M., Fuchs, S. & Tautz, J. (2002) Hot spots in the bee hive. *Naturwissenschaften* **89**, 299–301.

Bujok, B. (2005) *Thermoregulation im Brutbereich der Honigbiene* Apis mellifera carnica. Thesis. (www.opus-bayern.de/uni-wuerzburg/volltexte/2005/1590). Theodor-Boveri-Institut für Biowissenschaften, Fakultät für Biologie.

Chandler, P. J. (2007) *The Barefoot Beekeeper.* Finns tillgänglig på: www.biobees.com.

Chapleau, J. P. (2003) *Experimentation of an Anti-Varroa Screened Bottom Board in the Context of Developing an Integrated Pest Management Strategy for Varroa*

*Infested Honeybees in the Province of Quebec.* www.countryrubes.com/images/AV-BOTTOM_BOARD.pdf.

Cheshire, F. R. (1888) *Bees and beekeeping; scientific and practical. Vol. II – Practical.* The Bazaar Exchange and Mart Office, London.

Christ, J. L. (1783) *Anweisung zur nützlichen and angenehmen Bienenzucht für alle Gegenden, Frankfurt & Leipzig*. Transcribed and republished by Eric Zeissloff, Pfulgresheim, 2006. Ordering information: z.eric@onlinehome.de. English notes on the essential information about Christshive in this book can be downloaded as a PDF document at http://warre.biobees.com/christ.htm.

Coffey, M. F., Breen, J., Brown, M. J. F. & McMullan, J. B. (2010) Brood-cell size has no influence on the population dynamics of Varroa destructor mites in the native western honey bee, *Apis mellifera mellifera*. *Apidologie* DOI: 10.1051/apido/2010003. apidologie.org.

Conrad, R. (2007) *Natural beekeeping – organic approaches to modern apiculture.* Chelsea Green Publishing, Vermont.

Crowder, L. & Harrell, H. (2012) Top-bar beekeeping – Organic practices for honey bee health. Chelsea Gree, Vermont.

De Jong, D. (1982) Orientation of comb building by honeybees. *J. Comp. Physiol. A.* **147**(4), 495-501.

Denis, G. (2008) *Mode d'emploi de la ruche Warré* (How to use the Warré hive), Published by the author: 2 Rue Jean Monnet, 42650 St Jean Bonnefonds, France (tel. 33 (0)4 53 86 23). ISBN 978-2-9533201. www.ruche-warre.com.

Dewhurst, R.D. (2006) Biting Back: The behavioural adaptation of the dark European honeybee to varroa and the conservation of the native bees of Cornwall. *Beekeepers Quarterly* **86**, 15-18.

Ellis, A. M., Hayes G. W. & Ellis J. D. (2009) The efficacy of small cell foundation as a varroa mite (*Varroa destructor*) control *Exp. Appl. Acarol.* **47,** 311–316.

Ellis, A. M., Hayes, G. W. & Ellis, J. D. (2009b) The efficacy of dusting honey bee colonies with powdered sugar to reduce varroa mite populations. *J. Apicultural Res.* **48**(1), 72-76.

Ellis, M., Nicolson, S., Crewe, R.M. & Dietemann, V. (2010) Brood comb as a humidity buffer in honeybee nests. *Naturwissenschaften* **97**:429-433

Evans, J. D. (2006) Pathway and transcriptional insights into honey bee immunity from the Honey Bee Genome Project. The Fifth International Symposium on Molecular Insect Science, May 20–24, 2006, Tucson, Arizona USA.

Forsgren, E., Olofsson, T. C., Vásquez, A. & Fries, I. (2009) Novel lactic acid bacteria inhibiting *Paenibacillus larvae larvae* in honey bee larvae. *Apidologie* online DOI: 10.1051/apido/2009065.

Frazier, M., Mullin, C., Frazier, J. & Ashcraft, S. (2008) What have pesticides got to do with it? *Am. Bee. J.* **148**, 521-523.

Free, J. B. & Williams, I. H. (1974) Factors determining food storage and brood rearing in honeybee (*Apis mellifera* L. ) comb. *J. Entomol. Series A* **49**, 47–63.

Frèrès, J-M. & Guillaume, J-C (2012) *L'Apiculture Écologique de A à Z*. Guillaume J-C (ed. & publ.) Editions Pietteur Marco, Collection Résurgence. Embourg, Belgium.

Fries, I. & Bommarco, R. (2007) Possible host-parasite adaptations in honey bees infested by Varroa destructor mites. *Apidologie* **38**, 525–533.

Fries, I. & Camazine, S. (2001) Implications of horizontal and vertical pathogen transmission for honey bee epidemiology. *Apidologie* **32**, 199–214.

Fries, I. Imdorf, A. & Rosenkranz, P. (2006) Survival of mite infested (*Varroa destructor*) honey bee (*Apis mellifera*) colonies in a Nordic climate. *Apidologie* **37,** 564–570.

Gatineau, M. (2007) *L'apiculture, telle que je l'aime et la pratique* (The beekeeping that I love and practise) Finns tillgänglig på:www.apiculturegatineau.fr.

Gedde, J. *A new discovery of an excellent method of beehouses, and colonies, which frees the owners from the great charge and trouble that attends the swarming of bees, and delivers the bees from the evil reward of ruine, for the benefit they brought their masters* (London, Printed for the author, 1677. 3rd edition, enlarged, with several objections answered.) En avskrift av denna finns på: warre.biobees.com/gedde_transcript.pdf. En scanning av Geddes bok kan laddas ner på: https://archive.org/details/CUbiodiversity4169516.

Gillette, C. P. (1900) Effects of Artificial Foundation on the Building of Honey Comb. In: *Proceedings of the 21st Annual Meeting of the Society for the Promotion of Agricultural Science*.

Gillard, M., Charriere, J.D., & Belloy, L. (2008) Distribution of *Paenibacillus larvae* spores inside honey bee colonies and its relevance for diagnosis. *J. Invertebrate Pathology* **99**(1), 92-95.

Gilliam, M. (1997) Mini review: Identification and roles of non-pathogenic microflora associated with honey bees. *FEMS Microbiology Letters* **155**, 1-10.

Goodwin, R. M., Ten Houten, A. & Perry, J. H. (1994) Incidence of American foulbrood infections in feral honey bee colonies in New Zealand. *NZ J. Zool.* **21**, 285-287.

Graham, S., Myerscough, M. R., Jones, J. C. & Oldroyd, B. P. (2006) Modelling the role of intracolonial genetic diversity on regulation of brood temperature in honey bee (*Apis mellifera* L.) colonies. *Insectes Sociaux* **53**, 226-232.

Groh, C., Tautz, J. & Rössler, W. (2004) Synaptic organization in the adult honey bee brain is influenced by brood-temperature control during pupal development. *PNAS* **101**(12), 4268–4273.

Grozinger, C. (2010) The effect of reproduction on honey bee queen physiology, behavior and pheromone production. For a mini review see http://ento.psu.edu/directory/cmg25.

Harbo, J. R. & Harris, J. W. (2004) Effect of screen floors on populations of honey bees and parasitic mites (*Varroa destructor*) *J. Apicultural Res.* **43**(3), 114–117.

Harrison J.M. (1987) Roles of individual honeybee workers and drones in colonial thermogenesis. *J.Exp. Biol.* **129**, 53-61.

Heaf, D. J. (2011) Do small cells help bees cope with Varroa? *The Beekeepers Quarterly*, **104**, 39-45. http://www.dheaf.plus.com/warrebeekeeping/do_small_cells_help_bees_cope_with_varroa.pdf

Heaf, D. J. (2015) Winter colony losses: does Varroa treatment alter outcome? BBKA News, August 2015, 270.

Hauk, G. (2002) *Toward Saving the Honeybee.* Biodynamic Farming and Gardening Association, San Francisco.

Hsu, C-Y., Ko, F-Y., Li, C-W., Fann, K. & Lue, J-T. (2007) Magnetoreception System in Honeybees (Apis mellifera). PLoS ONE 2(4): e395. doi:10.1371/journal.pone.0000395

Human, H., Nicolson, S. W. & Dietmann, V. (2006) Do honeybees, Apis mellifera scutellata, regulate humidity in their nest? *Naturwissenschaften* **93**, 397–401.

Imperial College Consultants Limited (2008) *Honeybee health (risks) in England and Wales.* A report to the National Audit Office by Imperial College Consultants Limited. September 2008. http://www.nao.org.uk/wp-content/uploads/2009/03/0809288_honeybee_health.pdf.

Jaffé, R., Shaibi, T., Dietemann, V., Kraus, F.B., Crewe, R. & Moritz, R. F. A. (2007) Comparing honeybee densities: European semi-natural habitats versus African deserts (poster). Sustainable Neighbourhood – from Lisbon to Leipzig through Research (L2L): May 8th - 10th, Leipzig, Germany.

Johnson, R. M., Ellis, M. D., Mullin, C. A. & Frazier, M. (2010) Pesticides and honey bee toxicity – U.S.A. *Apidologie* **41**, 312-331.

Jones, J. C., Myerscough, M. R., Graham, S. & Oldroyd, B. P. (2004) Honey bee nest thermoregulation: diversity promotes stability. *Science* **305**, 402–404. (doi:10.1126/science.1096340).

Jones, J., Helliwell, P., Beekman, M., Maleszka, R. J. & Oldroyd, B. P. (2005) The effects of rearing temperature on developmental stability and learning and memory in the honey bee, *Apis mellifera. J. Comp. Physiol. A* **191**, 1121–1129.

Keeling, C. I., Slessor, K. N. Higo, H. A.& Winston, M. L. (2003) New components of the honey bee (*Apis mellifera* L.) queen retinue pheromone. *Proc. Natl. Acad. Sci. U S A.* **100**(8), 4486–4491.

Kefuss J., Vanpoucke J., Bolt M. & Kefuss C. (2009). Practical Varroa Resistance Selection for Beekeepers. In: *Scientific Program of the 41st Apimondia Congress*, Montpellier, p.82 (see www.apimondia.org)

Keller, I., Fluri, P. & Imdorf, A. (2005) Pollen nutrition and colony development in honey bees: Part I. *Bee World* **86**(1), 3-10.

Kocher, S. D., Richard, F-J., Tarpy, D. R. & Grozinger, C. M. (2009) Queen reproductive state modulates pheromone production and queen-worker interactions in honeybees. *Behavioral Ecology* **20**(5) 1007-1014.

Kockelkoren, P. (1995) Ethical Aspects of Plant Biotechnology – Report to the Dutch Government Commission on Ethical Aspects of Biotechnology in Plants, In: *Agriculture and Spirituality – Essays from the Crossroads Conference at Wageningen Agricultural University (Appendix 1)*. International Books, Utrecht. 99-105.

Köpler, K., Vorwohl, G. & Koeniger, N. (2007) Comparison of pollen spectra collected by four different subspecies of the honey bee *Apis mellifera*. *Apidologie* **38**, 341–353.

Kovac, H., Stabentheiner, A. & Brodschneider, R. (2009) Contribution of honeybee drones of different age to colonial thermoregulation *Apidologie* **40**, 82–95.

Kraus, B. & Velthuis, H.H.W. (1997) High Humidity in the Honey Bee (*Apis mellifera* L.) Brood Nest Limits Reproduction of the Parasitic Mite *Varroa jacobsoni* Oud. *Naturwissenschaften* **84**, 217–218.

Kraus, B. & Velthuis, H.H. (2001) The impact of Temperature Gradients in the Brood Nest of Honeybees on Reproduction of Varroa jacobsoni In: *Proceedings of the Second International Conference on Africanized Honey Bees and Bee Mites* (E. Erickson & R. Page, Eds). A.I. Root, Inc. 235-250.

Kraus, F. B., Neumann, P., Scharpenberg, H., Van Praagh, J. & Moritz, R. F. A. (2003) Male fitness of honeybee colonies (*Apis mellifera* L.). *J . Evol . Biol.* **16,** 914–920.

Langstroth L.L. (1866) *A practical treatise on the hive and the honey bee*, 3rd ed., Lippincott and Co., Philadephia.

Langstroth, L. L. (1853) *Langstroth on the hive and the honey bee – A Bee Keeper's Manual*, Hopkins, Bridgeman & Co. Northampton.

Le Conte, Y., de Vaublanc, G., Crauser, D., Jeanne, F., Rousselle, J-C., Bécard, J-M (2007) Honey bee colonies that have survived Varroa destructor. *Apidologie* **38**, 1-7.

Leopoldino, M. N., Freitas, B. M., Sousa, R. M. & Paulino, F. D. G. (2002) Avaliação do uso do feromônio de Nasonov sintético e óleo essencial de capim santo (Cymbopogon citratus) como atrativos para enxames de abelhas africanizadas (*Apis mellifera*). *Ciência Animal. Fortaleza* **12(**1), 19-23.

Leroy, R. (1946) *Les Abeilles et la Ruche Mixte*. Yvette Leroy. Summarised at: http://warre.biobees.com/leroy_combination_hive.pdf

Lodesani M., Costa C., Serra G., Colombo R. & Sabatini A.G. (2008) Acaricide residues in beeswax after conversion to organic beekeeping method. *Apidologie* **39**, 324-333.

Loper, G.M., Sammataro, D., Finley, J., & Cole, J. (2006) Feral Honey Bees in Southern Arizona, 10 Years After Varroa Infestation. *Am. Bee J.* **146**(6), 521-524.

Mancke, G. (2012) The Sun Hive (Der Weissenseifener Haengekorb). Natural Beekeeping Trust.

Mancke, G. & Csarnietzki, P. (2005) *Der Weißenseifener Hängekorb*. Weißenseifen-Micheelshag: Werkgemeinschaft Kunst und Heilpedagogik. See also www.themelissagarden.com/beekeeping.html.

Manley, R. O. B. (1946) *Honey Farming*. Faber & Faber, London.

Manning, R.(2001) Fatty acids in pollen: a review of their importance for honey bees. *Bee World* **82**(2), 60–75.

Marris, G. (2010) Beebase – a free online resource for beekeepers. *Gwenynwyr Cymru* Number 168, 24-27.

Mattila, H. R. & Seeley, T. D. (2007) Genetic Diversity in Honey Bee Colonies Enhances Productivity and Fitness. *Science* **362**, 317. DOI: 10.1126/science.1143046.

Mavrofridis, G. (2009) Professional beekeeping with improved traditional moveable-comb hives. *Buzz Extra* **6**(2), 4-5.

McMullan, J. B. & Brown, M. J. F. (2005) Brood pupation temperature affects the susceptibility of honeybees (Apis mellifera) to infestation by tracheal mites (*Acarapis woodi*). *Apidologie* **36**, 97–105

Meixner, M. D., Costa, C., Kryger, P., Hatjina, F., Bouga, M., Ivanova, E. & Büchler, R. (2010) Conserving diversity and vitality for honey bee breeding. *J. Apicultural Res.* **49**(1) 85-92.

Meixner, M. D., Büchler, R., Costa, C. Francis, R. M., Hatjina, F., Kryger, P., Uzunov, A. & Carreck, N. L. (2014) Honey bee genotypes and the environment. J. Apicultural Res. **53**(2), 183-187.

Melathopoulos, A. (2006) Honey is the Sustainable and Ethical Sweetener. *Beekeepers Quarterly* **84**, 10-11.

Mepham, B. (1996) Chapter 7: Ethical analysis of food biotechnologies: an evaluative framework. In: *Food Ethics* Mepham, B. (ed.) Routledge, London & New York. 101-119. Mepham's ethical matrix is also presented in detail in *Farming animals for food – Towards a moral menu*. Food Ethics Council Report 3. 2001. 'www.foodethicscouncil.org; PDF at www.dheaf.plus.com/warrebeekeeping/farming_animals_for_food_towards_a_moral_menu_fec_2001.pdf.

Mitchell, D. (2015) Ratios of colony mass to thermal conductance of tree and man-made nest enclosures of *Apis mellifera*: implications for survival, clustering, humidity regulation and *Varroa destructor. Int J Biometeorol*. Published online DOI 10.1007/s00484-015-1057-z

Mullin, C. A., Frazier, M., Frazier, J.L., Ashcraft, S., Simonds, R., van Engelsdorp, D. & Pettis, J. S. (2010) High Levels of Miticides and Agrochemicals in North American Apiaries: Implications for Honey Bee Health. *PLoS ONE* **5**(3): e9754. doi:10.1371/journal.pone.0009754. http://www.plosone.org/article/info%3Adoi%2F10.1371%2Fjournal.pone.0009754.

Oldroyd, B. P. & Fewell, J. H. (2007) Genetic diversity promotes homeostasis in insect colonies. *Trends in Ecol. Evol.* **22**(8), 408-413.

Palmer, K. A. & Olroyd, B. P. (2003) Evidence for intra-colonial genetic variance in resistance to American foulbrood of honey bees (*Apis mellifera*) *Naturwissenschaften* **90**, 265–268.

Paton, D. C. (1996) *Overview of feral and managed honeybees in Australia: distribution, abundance, extent of interactions with native biota, evidence of impacts and future research.* Australian Nature Conservation Agency, Canberra.

Pettigrew, A. (1875) T*he Handy Book of Bees – Being a Practical Treatise on their Profitable Management.* William Blackwood and Sons, Edinburgh & London.

Piccirillo, G. A. & De Jong, D. (2003) The influence of brood comb cell size on the reproductive behavior of the ectoparasitic mite Varroa destructor in Africanized honey bee colonies. *Genet. Mol. Res.* **2**(1), 36-42. www.funpecrp.com.br/gmr/year2003/vol1-2/gmr0057_full_text.htm.

Ratnieks, F.L.W. (2007) How far do honeybees forage? *Beekeepers Quarterly* **89**, 26-28.

Richard F-J., Tarpy D.R. & Grozinger C.M. (2007) Effects of Insemination Quantity on Honey Bee Queen Physiology. *Public Library of Science ONE* 2(10); www.plosone.org/doi/pone.0000980.

Rinderer, T.E., DeGuzman, L.I., Delatte, G.T. & Harper, C. (2003) An Evaluation of ARS Russian Honey Bees in Combination with other Methods for the Control of Varroa Mites. *American Bee Journal* **143**(5), 410-413.

Rinderer, T.E., Harris, J.W., Hunt, G.J. & deGuzman, L.I. (2010) Breeding for resistance to Varroa destructor in North America. *Apidologie* **41**, 409-424.

Ritter, W. (2007) Bee Death in the USA: Is the Honeybee in Danger? *Beekeepers Quarterly* **89**, 24-25.

Sammataro, D., A. Vásquez, & Olofsson, T.C. (2009) Preliminary study on the effect of artificial diet on the lactic acid bacterial flora in the honey stomach of honeybees. (in preparation).

Saucy, F. (2014) On the natural cell size of European honey bees: a "fatal error" or distortion of historical data? J. Apicultural Res. **53**(3), 327-336.

Sasaki, M., Nakamura, J., Tani, M. & Sakai, T. (1990) Nest temperature and winter survival of a feral colony of the honeybee, Apis mellifera L., nesting in an exposed site in Japan. *Bull. Fac. Agr. Tamagawa Univ.* **30**, 9-19.

Seeley, T.D. & Griffin, S.R. (2011) Small-cell comb does not control Varroa mites in colonies of honey bees of European origin. *Apidologie* **42**, 526-532.

Seeley, T. D. & Morse, R. A. (1976) The nest of the honey bee (*Apis mellifera* L.) *Insectes Sociaux* **23**(4), 495-512.

Seeley, T. D. & Morse, R. A. (1977) Dispersal behaviour of honey bee swarms. *Psyche* **84**(3-4), 199-209.

Seeley, T. D. & Morse, R. A. (1978) Nest site selection by the honey bee, *Apis mellifera. Insectes Sociaux* **25**(4), 323-337.

Seeley, T. D. & Smith, M. L. (2015) Crowding honeybee colonies in apiaries can increase their vulnerability to the deadly ectoparasite *Varroa destructor*. *Apidologie* Online 1 April 2015, DOI:10.1007/s13592-015-0361-2.

Seeley, T. D. & Tarpy, D. R. (2007) Queen promiscuity lowers disease within honeybee colonies *Proc. R. Soc. B* **274**, 67–72; doi:10.1098/rspb.2006.3702, published online 26 September 2006.

Seeley, T. D. (2002) The effect of drone comb on a honey bee colony's production of honey *Apidologie* **33**, 75–86.

Seeley, T.D. (2007) Honey bees of the Arnot Forest: a population of feral colonies persisting with Varroa destructor in the northeastern United States. *Apidologie* **38**, 19-29.

Simone, M., Evans, J. D. & Spivak, M. (2009) Resin collection and social immunity in honey bees. *Evolution* **63(**11), 3016–3022.

Sims, D. (1997) *Sixty years with bees*. Northern Bee Books.

Singer, H. (2007) Ein möglicher Ausweg aus der Varroakrise? *Bienen Aktuell* 04/2007, Austria.

Somerville, D. (2005) *Fat bees, skinny bees – a manual on honey bee nutrition for beekeepers*. Australian Rural Industries Research and Development Corporation Publication No. 05/054.

Southwick, E. E. (1985) Thermal conductivity of wax comb and its effect on heat balance in colonial honey bees (*Apis mellifera* L.). *Experientia* **41** 1486-1487.

Spivak, M. & Reuter, G.S. (2008) New direction for the Minnesota Hygienic line of bees. *Am. Bee J.* **148**, 1085-1086.

Steiner, R. (1933) *Nine lectures on bees*. Part of GA351, Lecture V1, Dornach 10 December 1923. Transl. Pease, M. & Mirbt, C. A., Anthroposophical Agricultural Foundation.

Storch, H. (1985) *At the Hive Entrance. Observation Handbook: How to Know what happens inside the hive by observation of the outside*. Transl. from *Am Flugloch*, European Apicultural Editions, Brussels.

Strange, J. P., Arnold, G., Garnery, L. & Sheppard, W. S. (2009) Conservation of a locally adapted population of *Apis mellifera* L. An integrative approach. Proceedings of Apimondia 2009.

Summers, B. (2008) 'The Summers' coffin hive. *The Beekeepers Quarterly* **93**, 19-21.

Tan, K., Bock, F., Fuchs, S., Streit, S., Brockmann, A. & Tautz, J. (2005) Effects of brood temperature on honey bee *Apis mellifera* wing morphology. *Acta. Zoologica. Sinica.* **51**, 768-771.

Tarpy, D. (2003) Genetic diversity within honeybee colonies prevents severe infections and promotes colony growth. *Proc. R. Soc. Lond. B* **270**, 99–103.

Tarpy, D. R. & Seeley, T. D. (2006) Lower disease infections in honeybee (*Apis mellifera*) colonies headed by polyandrous vs monandrous queens. *Naturwissenschaften* **93**, 195–199.

Tautz, J. (2008) *The Buzz About Bees – Biology of a Superorganism* (Springer Verlag).

Tautz, J., Maier, S., Groh, C., Rössler, W. & Brockmann, A. (2003) Behavioral performance in adult honey bees is influenced by the temperature experienced during their pupal development. *PNAS* **100**(12) 7343-7347.

Thun, M. K. (1986) *Die Biene Haltung und Pflege Unter Berücksichtigung Kosmischer Rhythmen* M. Thun-Verlag, Biedenkopf.

Thür, J. (1946) *Bienenzucht: Naturgerecht einfach und erfolgsicher*. 2nd ed. Friedrich Stock's Nachf. Karl Stropek (Buchhandlung und Antiquariat), Vienna. Chapters 1 & 2 translated as *Beekeeping: natural, simple and successful.* : Heaf, D. J. (2007); free download: http://www.users.callnetuk.com/~heaf/thur.pdf.

Vásaquez, A. & Olofsson, T. (2009) Lactic acid bacteria: can honey bees survive without them? Proceedings of Apimondia 2009. http://www.apimondia.com/congresses/2009/Bee-Health/Plenary-Session/Lactic%20acid%20bacteria,%20can%20honey%20bees%20survive%20without%20them%20-%20OLOFSSON%20Tobias%20C.pdf.

Veuille, G. (2014) *La ruche ronde divisible*. Éditions de Terran. Some details of construction and use given in http://warre.biobees.com/round_warre_hives.pdf.

Veuille, G. (1996) La ruche ronde divisible en plâtre et en paille. *Bulletin de Permaculture et d'Agriculture Naturelle.* No. 5, Spring. http://ecotopie.chez.com/apiveuil.html

Villa, J. D., Bustamante, D. M., Dunkley, J. P. & Escobar, L. A. (2008) Changes in Honey Bee (Hymenoptera: Apidae) Colony Swarming and Survival Pre- and Postarrival of Varroa destructor. *Ann. Entomol. Soc. Am.* **101**(5), 867-871.

Villa, J. D., Rinderer, T. E. & Bigalk, M. (2009) Overwintering of Russian honey bees in northeastern Iowa. *Science of Bee Culture* **1**(2), 19-21.

Visscher P.K. & Seeley T.D. (1982) Foraging strategy of honeybee colonies in a temperate deciduous forest. *Ecology* **63**, 1790-1801.

Waite, R., Brown, M., Thompson, H. & Bew, M. (2003) Control of American foulbrood by eradication of infected colonies. *Apiacta* **38**, 134-136.

Warré, E. (1923) *L'Apiculture Pour Tous*, 5th edition, Tours. http://warre.biobees.com/warre_5th_edition.pdf. Pages 60-71 translated by David Heaf: http://warre.biobees.com/warre_5ed_60-71.pdf.. See also JPEG images of scans of the pages of the book at http://ruche.populaire.free.fr/apiculture_pour_tous_5eme_edition/.

Warré, É. (1948) *L' Apiculture pour Tous* 12th edition. (Saint-Symphorien). Free download of the PDF: http://www.apiculture-warre.fr/livre_warre.html. For JPEG scans of the original pages: http://ruche.populaire.free.fr/apiculture_pour_tous_12eme_edition/.

Warré, É. (2010) *Beekeeping for All.* Northern Bee Books. Transl. by Heaf, D. J. & Heaf, P. A. from *L' Apiculture pour Tous* 12th edition. (Saint-Symphorien, 1948). *Beekeeping for All* is also available as a free download at www.users.callnetuk.com/~heaf/beekeeping_for_all.pdf.

Webster, K. (2008) A new paradigm for American Beekeeping. *Am Bee J.* **148**(3), 257-259.
Weiler, M. (2008) Biodynamic beekeeping: an interview with Michael Weiler. *Beekeepers Quarterly* **91**, 16-18.
Winston, M. L. (1987) *The biology of the honey bee.* Harvard University Press, Cambridge, Mass.
Wray, M.K., Mattila, H.R. & Seeley, T. D. (2011) Collective personalities in honeybee colonies are linked to colony fitness. *Animal Behaviour* **81**(3) 559-568.
Wright, W. (2006) Advantages/Disadvantages of Swarm Prevention By Checkerboarding/Nectar Management, *Bee Culture* May.

LÁbbé Eloi Francois Émile Warré föddes den 9:e mars 1867 i Grébault-Mesnil i Somme distriktet. Han fick förordnande som präst den 19:e september 1897 i Mérélessart (Somme) sedan i Martainneville (Somme) 1904. Han försvann ur registren 19916 för att dyka upp igen i Saint-Symphorien (Indre-et-Loire) och helt ägna sig åt biodling. Han dog i Tours den 20:e april 1951. Abbé Warré utvecklade "Folkets Kupa" baserat på hans undersökningar av 350 kupor med de olika system som fanns på den tiden och undersökningar av binas vanor. Han publicerade flera böcker *La santé ou les Meilleurs traitements de toutes les maladies (*Hälsa och bättre behandlingar av alla sjukdomar) *Le Miel, ses propriétés et ses usages (*Honungens egenskaper och användningsområden), *La Santé, manuel-guide des malades et des bien-portants* (Hälsa, vad gynnas den eller skadas den av?) – 1912 - och den allra viktigaste *LÁpiculture pour –tous* (Biodling för Alla) vars tolfte och sista utgåva kom 1948

Ábbe Émile Warre'

## HÄNVISNINGAR:.

[1] Thun (1986)
[2] Mancke & Csarnietzki (2005)
[3] Hauk (2002)
[4] Chandler(2007)
[5] Berrevoets (2009)
[6] Warré, É. (2010)
[7] Conrad (2007)
[8] Den organisation som har hand om detta I UK är *the Bee Improvement and Bee Breeders' Association: www.bibba.com.*
[9] Bees for Development: www.beesfordevelopment.org
[10] Royal Hawaiian Honey, royalhawaiianhoney.com
[11] Commission Regulation (EC) No 889/2008 of 5 September 2008. Official Journal of the European Union, 18 September 2008.
[12] www.foodethicscouncil.org
[13] Kockelkoren (1995)
[14] Manley (1946)
[15] Conrad (2007) p. 37.
[16] Conrad (2007) p. 65.
[17] Kockelkoren (1995)
[18] Mepham (1996)
[19] Mullin *et al.* (2010)
[20] Langstroth (1853) p. 118.
[21] Pettigrew (1875) p. 52.
[22] För ett slående exempel se Sasaki *et al.* (1990)
[23] Tautz (2008)
[24] Bujok *et al.* (2002)
[25] Bujok (2005)
[26] Tan *et al.* (2005)
[27] Tautz *et al.* (2003)
[28] Becher *et al.* (2009)
[29] Groh *et al.* (2004)
[30] Jones *et al.* (2005)
[31] McMullan *et al.* (2005)
[32] For examples, Phil Chandler: www.biobees.com; Les Crowder: www.fortheloveofbees.com.
[33] Warré (2010) For Warré hive modifications see also: http://warre.biobees.com/.
[34] Dietrich Vageler, personal communication.
[35] Thür (1946)
[36] Christ (1783)
[37] Se även Conrad (2007) för natulig ekologisk biodling med Langstroth kupor.
[38] Cheshire (1888) p. 60.
[39] Human (2006)
[40] Villa (2009)
[41] Seeley & Morse (1976)
[42] Georg Klindworth's Lüneberg biodling med halmkupor (Korbimkerei): https://av.getinfo.de/search?153&q= Klindworth. Se även sex tjugo minuter långa filmer på You Tube under "Skepbeekeeping
[43] Hauk (2002)
[44] Mancke & Czarnietzki (2005); Mancke (2012)Leroy (1946)

[45] Thun (1986) See also http://gaiabees.com/alternative-bee-nests/ (Golden Hive, Straw Version) and http://web.utanet.at/huttinge/projekte/nepal/book_off/trainbook.htm#strawhive.
[46] Mavrofridis (2009)
[47] Summers (2008); www.thezesthive.com
[48] www.beesource.com/resources/usda/the-thermology-of-wintering-honey-bee-colonies/
[49] Christ (1783)
[50] Warré (2010) p. 41
[51] Warré (2010) p.40
[52] Langstroth (1853) p. 121.
[53] Harbo & Harris (2004)
[54] Rinderer *et al.* (2003)
[55] Villa *et al.* (2009)
[56] Human *et al.* (2006)
[57] Kraus & Velthuis (1997)
[58] Kraus & Velthuis (2001)
[59] Chapleau (2003)
[60] Seeley & Morse (1976)
[61] Seeley (2002)
[62] Langstroth (1866) p. 51.
[63] Seeley & Morse (1976)
[64] Richard *et al.* (2007)
[65] Tarpy & Seeley (2006)
[66] Seeley & Tarpy (2007)
[67] Tarpy (2003)
[68] Palmer & Olroyd (2003)
[69] Jones *et al.* (2004)
[70] Graham *et al.* (2006)
[71] Mattila & Seeley (2007)
[72] Oldroyd & Fewell (2007)
[73] Kraus *et al.* (2003)
[74] Dave Cushman www.dave-cushman.net/bee/cellsize.html
[75] *Ibid.*
[76] www.dheaf.plus.com/warrebeekeeping/cell_size.htm
[77] For example: www.beesource.com/point-of-view/ed-dee-lusby/
[78] Piccirillo & De Jong (2003)
[79] Singer (2007)
[80] Ellis *et al.* (2009)
[81] Berry *et al.* (2010)
[82] Coffey *et al.* (2010)
[83] Seeley & Griffin (2011); see also Seeley, T.D. Summary findings prior to publication in *Apidologie* at www.reeis.usda.gov/web/crisprojectpages/211868.html
[84] Dennis Murrell, personal communication
[85] Warré (2010) p.40
[86] Berry (2009)
[87] Mullin *et al.* (2010)
[88] Michael Bush www.bushfarms.com/beesframewidth.htm
[89] De Jong (1982)
[90] Seeley & Morse (1976)
[91] Berry & Delaplane (2001)
[92] Manley (1946) p. 145-146.
[93] Free & Williams (1974)
[94]
[95] Cushman, D. Preserving the integrity of honey bee nest structure.

---

www.dave-cushman.net/bee/nest_integrity.html

[96] Tautz (2008) p. 187.

[97] Gillette (1900)

[98] www.beesource.com/resources/usda/the-thermology-of-wintering-honey-bee-colonies/

[99] Tautz (2008), pp. 179 & 217.

[100] www.imkerei-klindworth.de/ Georg Klindworth's Lüneberg biodling med halmkupor (Korbimkerei): https://av.getinfo.de/search?153&q=Klindworth Se även sex tjugo minuter långa filmer på You Tube under "Skepbeekeeping

[101] www.imkerei-klindworth.de/ Georg Klindworth's Lüneberg biodling med halmkupor (Korbimkerei): https://av.getinfo.de/search?153&q=Klindworth Se även sex tjugo minuter långa filmer på You Tube under "Skepbeekeeping

[102] Pettigrew (1875) pp. 84-86

[103] Storch (1985)

[104] Precursors of the People's Hive of Abbé Emile Warré, http://warre.biobees.com/precursors.htm

[105] Frèrès & Guillaume (2012) p. 56, 58 http://gdsa13.free.fr/spip.php?article23

[106] Beebase, Food and Environment Research Agency, UK. Number of honey bee colonies inspected in England and Wales by MAFF and DEFRA appointed bee inspectors between 1952-2004, and recording incidence of foul brood disease over the same period. https://secure.fera.defra.gov.uk/beebase/

[107] Velásquez & Olofsson (2009)

[108] Gillard (2008)

[109] Waite *et al.* (2003)

[110] Imperial College Consultants Limited (2008)

[111] Marris (2010)

[112] Gillard (2008)

[113] Cheshire (1888)

[114] http://warre.biobees.com/delon.htm

[115] Bees for Development: www.beesfordevelopment.org

[116] Visscher & Seeley (1982)

[117] Ratnieks (207)

[118] Keller *et al.* (2005)

[119] Alaux *et al.* (2010)

[120] Ritter (2007)

[121] Manning (2001)

[122] Somerville (2005)

[123] Köpler *et al.* (2007)

[124] Steiner (1933) p. 55.

[125] Bee Improvement and Bee Breeders' Association of Britain and Ireland: www.bibba.com

[126] Baum et al. (2005)

[127] Seeley (2007)

[128] Paton (1996) p. 7.

[129] Jaffé *et al.* (2007)

[130] Bailey & Perry (2001)

[131] Warré (2010) p.31

[132] Frèrès & Guillaume (2012) Chapter 3 contains a detailed cost-benefit anlysis of the Warré and a modern hive.

[133] Forsgren *et al.* (2009)

[134] Sammataro *et al.* (2009)

[135] Velásquez & Olofsson (2009)

[136] Melathopoulos (2006)

[137] Biodynamiska regeler för biodling – June 2007. Biodynamic Agricultural Association. www.biodynamic.org.uk/fileadmin/user_upload/Documents/Demeter_Standards/Demeter_International_Bee_Standards.pdf

[138] Conrad (2007) pp. 91-196.

[139] Macdonald, P. Hansard written answers. Fruit trees (arsenical sprays) 20 January 1942, vol 377, c212W.

[140] Berry (2009)

[141] Mullin *et al.* (2010)

[142] Weiler (2008)

[143] Atienza *et al.* (1993)

[144] Ellis *et al.* (2009b)

[145] Le Conte *et al.* (2007)

[146] Fries *et al.* (2006)

[147] Fries & Bommarco (2007)

[148] Villa *et al.* (2008)

[149] Loper *et al.* (2006)

[150] Seeley (2007)

[151] Villa *et al.* (2008)

[152] Alphonse, J. (2009) Personal communication. www.labeilleduvercors.fr

[153] Dewhurst (2006)

[154] Webster (2008)

[155] Vásaquez & Olofsson (2009)

[156] Goodwin *et al.* (1994)

[157] Gilliam (1997)

[158] Evans (2006)

[159] Simone *et al.* (2009)

[160] Vásaquez & Olofsson (2009)

[161] Fries & Camazine (2001)

[162] Goodwin *et al.* (1994)

[163] Frazier *et al.* (2008); Mullin *et al.* (2010)

[164] Alaux *et al.* (2009)

[165] Ratnieks (2007)

[166] Imperial College Consultants Limited (2008)

[167] Steiner (1923)

[168] Imperial College Consultants Limited (2008); see also www.beeinformed.org

[169] Warré (2010) p. 150.

[170] Keeling *et al.* (2003)

[171] Grozinger (2010)

[172] Kocher *et al.* (2009)

[173] Richard *et al.* (2007)

[174] Meixner *et al.* (2010)

[175] A UK based organisation: www.bibba.com.

[176] Winston (1987) p. 189.

[177] Cushman, D. Honey bee colony assessment criteria. www.dave-cushman.net/bee/assessmentcriteria.html

[178] Pettigrew (1875) pp. 126-131.

[179] Chandler, P. (2008) The Barefoot Beekeeper: www.biobees.com

[180] www.ruche-warre.com

[181] http://warre.biobees.com/denis.htm

[182] Seeley & Morse (1978)

[183] Seeley & Morse (1977)

[184] Leopoldino *et al.* (2002)

[185] Berrevoets (2009) p. 101.

[186] Warré (2010) pp. 35 & 37.

[187] Imperial College Consultants Limited (2008) p. 5

[188] Seeley & Morse (1976)

[189] Wright (2006)

[190] Seeley & Morse (1976)

[191] Christ (1783)

[192] Warré (2010).

[193] Warré (1948) www.apiculture-warre.fr/livre_warre.html

[194] http://uk.groups.yahoo.com/group/warrebeekeeping.

[195] Links to various language Warré e-groups, fora and web sites care at http://warre.biobees.com/links.htm. http://warre.biobees.com/bfa.htm

[196] Warré (2010) p. 147.

[197] Precursors of the People's Hive of Abbé Emile Warré: http://warre.biobees.com/precursors.htm.

[198] Pettigrew (1875) p. 85.

[199] En lista på var man köpa Warré kupor finns på: http://warre.biobees.com/links.htm

[200] The Brittish Beekeepers' Association keeps lists of local associations: www.britishbee.org.uk.

[201] Waxing top-bars: www.dheaf.plus.com/warrebeekeeping/waxing_topbars.htm

[202] Frèrès & Guillaume (2012) p. 57

[203] Preparing hessian: www.dheaf.plus.com/warrebeekeeping/preparing_hessian.htm

[204] http://warre.biobees.com/plans.htm

[205] Hampshire, N. *Warré Hive Construction Guide.* http://thebeespace.net/2008/07/30/introduction-warre-beehive-construction-guide/.

[206] Warré (2010) p. 83ff

[207] Comb transfer to a Warré hive: http://warre.biobees.com/comb_transfer.htm

[208] Warré (2010) pp. 60 & 62.

[209] Storch (1985)

[210] http://warre.biobees.com/pressing.htm

[211] Pressing honey out of crushed comb: www.dheaf.plus.com/warrebeekeeping/pressing_honey.htm

[212] Sims (1997) p. 102.

[213] Solar extractor: www.dheaf.plus.com/warrebeekeeping/solar_extractor.htm

[214] Warré (2010) p. 98.

[215] Murrell, D.: Ett hål görs I locket på en kaffemugg av plast och ett nät limmas fast under locket. Pudersockret skakas häftigt och pudret pustas på bina genom att klämma på muggen.

216 Warré (2010) p. 54.
217 *Ibid.* p. 26.
218 Warré beekeeping e-group: http://uk.groups.yahoo.com/group/warrebeekeeping
219 Harbo & Harris (2004)
220 Seeley & Morse (1976)
221 *Ibid.*
222 *Ibid.*
223 Frèrès & Guillaume (2012) p. 56, 58
224 Gatineau (2007) See also Dav Croteau's hive with the holes fitted with plastic shutters: http://warre.biobees.com/croteau.htm.
225 Seeley & Morse (1976)
226 Gedde (1677)

227 Dardenne, J-F. *The pleasure of beekeeping with the Warré hive.* Downloadable as a PDF at http://warre.biobees.com/round_and_polygonal.htm.
228 Warré (2010) p. 40.
229 Veuille (2014) La fabrication du rucheton, p. 29 Veuille (1996)
230 Warré (2010) p. 51
231 Gedde (1677)
232 Veuille p. 28
233 Morimoto, S. http://warre.biobees.com/japan.htm
234 Biodling för Alla (BoD.se)
235 Gatineau (2007)
236 Denis (2008)
237 En jämförelse av ramar som används: http://warre.biobees.com/frames.htm
238 Warré (1923) pp. 60-71
239 Dardenne, J-F. *Stable-Climate Hive – 'Nature's Method'* Translated by David Heaf: http://warre.biobees.com/delon.htm.
240 Denis (2008)
241 Gillard (2008)
242 Frèrès & Guillaume (2012) p. 72
243 Warré (2010) p. 53.
244 Frèrès & Guillaume (2012) p. 292-293
245 Frèrès & Guillaume (2012) p. 71. See also http://warre.biobees.com/guillaume.htm.
246 Warré (2010) pp. 46-48.
247 Southwick (1985)
248 http://warre.biobees.com/lift.htm